"十四五"职业教育国家规划教材

职业教育
数字媒体应用人才培养系列教材

U0745672

边做边学
InDesign
排版艺术案例教程

全彩微课版 | InDesign CC 2019

俞侃 李响 / 主编

王文晓 孙晨晖 田晋芳 / 副主编

人民邮电出版社
北京

图书在版编目（CIP）数据

InDesign 排版艺术案例教程：全彩微课版：InDesign CC 2019 / 俞侃，李响主编. -- 北京：人民邮电出版社，2021.11（2024.7 重印）
（边做边学）
职业教育数字媒体应用人才培养系列教材
ISBN 978-7-115-56670-6

Ⅰ. ①I… Ⅱ. ①俞… ②李… Ⅲ. ①电子排版－应用软件－职业教育－教材 Ⅳ. ①TS803.23

中国版本图书馆CIP数据核字(2021)第114152号

内 容 提 要

本书全面、系统地介绍 InDesign CC 2019 的基本操作方法和排版设计技巧，内容包括初识 InDesign CC 2019、绘制和编辑图形对象、路径的绘制与编辑、编辑描边与填充、编辑文本、处理图像、版式编排、表格与图层、页面编排、编辑书籍和目录及综合设计实训。

本书内容的组织以课堂案例为主线，通过学习案例，学生可以快速熟悉 InDesign CC 2019 的软件功能；课后的综合演练，可以拓展学生的实际应用范围，提高学生的软件使用技巧。在最后一章综合设计实训中，安排了专业设计公司的 5 个精彩案例，涵盖 InDesign 的常用领域。通过对这些案例的分析和讲解，可以使学生更加贴近实际工作，艺术创意思维更加开阔，实际设计、制作水平得以提高。

本书适合作为职业院校排版课程的教材，也可作为相关人员的参考用书。

◆ 主　编　俞　侃　李　响
　　副主编　王文晓　孙晨晖　田晋芳
　　责任编辑　王亚娜
　　责任印制　王　郁　焦志炜
◆ 人民邮电出版社出版发行　　北京市丰台区成寿寺路 11 号
　　邮编　100164　电子邮件　315@ptpress.com.cn
　　网址　https://www.ptpress.com.cn
　　雅迪云印（天津）科技有限公司印刷
◆ 开本：787×1092　1/16
　　印张：14.25　　　　　　　　　2021 年 11 月第 1 版
　　字数：352 千字　　　　　　　2024 年 7 月天津第 4 次印刷
　　　　　　　　定价：69.80 元
读者服务热线：(010)81055256　印装质量热线：(010)81055316
反盗版热线：(010)81055315
广告经营许可证：京东市监广登字 20170147 号

InDesign 是由 Adobe 公司开发的专业设计排版软件。它功能强大、易学易用，深受版式编排人员和平面设计师的喜爱，很多职业院校已将 InDesign 作为一门重要的专业课程。为了帮助教师全面、系统地讲授这门课程，使学生熟练地使用 InDesign 来进行设计排版，我们几位长期在职业院校从事 InDesign 教学的教师和专业平面设计公司经验丰富的设计师合作，共同编写了本书。

本书全面贯彻党的二十大精神，以社会主义核心价值观为引领，传承中华优秀传统文化，坚定文化自信，使内容更好体现时代性、把握规律性、富于创造性。我们对本书的编写体系做了精心的设计：第 2 ~ 10 章内容按照"课堂案例—软件相关功能—实战演练—综合演练"这一思路进行编排，力求通过对课堂案例的操作，学生能快速熟悉版式设计理念和软件功能；通过软件相关功能的解析，使学生深入学习软件功能和设计技巧；通过实战演练和综合演练，拓展学生的实际应用能力。

本书提供所有案例的素材、效果文件，以及微课视频、PPT 课件、教学教案、大纲等丰富的教学资源，任课教师可登录人邮教育社区（www.ryjiaoyu.com）免费下载使用。

本书的参考学时为 64 课时，各章的参考学时参见下面的学时分配表。

章	课程内容	学时分配
第 1 章	初识 InDesign CC 2019	4
第 2 章	绘制和编辑图形对象	6
第 3 章	路径的绘制与编辑	6
第 4 章	编辑描边与填充	6
第 5 章	编辑文本	6
第 6 章	处理图像	4
第 7 章	版式编排	8
第 8 章	表格与图层	6
第 9 章	页面编排	8
第 10 章	编辑书籍和目录	4
第 11 章	综合设计实训	6
学 时 总 计		64

本书由俞侃、李响任主编，王文晓、孙晨晖、田晋芳任副主编。由于编者水平有限，书中难免存在疏漏和不妥之处，敬请广大读者批评指正。

编　者
2023 年 5 月

教学辅助资源

素材类型	数量	素材类型	数量
教学大纲	1 份	课堂案例	17 个
电子教案	1 套	实战演练	17 个
PPT 课件	11 章	微课视频	79 个

配套视频列表

章	视频微课	章	视频微课
第 2 章 绘制和编辑图形对象	绘制卡通船	第 7 章 版式编排	制作购物招贴
	绘制建筑图标		制作青春向上招贴
	绘制动物图标		制作台历
	绘制卡通表情		制作数码相机广告
	绘制卡通头像		制作红酒广告
第 3 章 路径的绘制与编辑	绘制时尚插画	第 8 章 表格与图层	制作汽车广告
	绘制信纸		制作购物节海报
	绘制橄榄球队标志		制作卡片
	绘制创意图形		制作房地产广告
	绘制海滨插画		制作旅游广告
第 4 章 编辑描边与填充	绘制风景插画	第 9 章 页面编排	制作美食图书封面
	绘制蝴蝶插画		制作美妆杂志封面
	制作房地产名片		制作美食图书内页
	绘制电话图标		制作美妆杂志内页
	绘制小丑头像		制作美食杂志内页
第 5 章 编辑文本	制作家具内页	第 10 章 编辑书籍和目录	制作美食图书目录
	制作糕点宣传单		制作美妆杂志目录
	制作蔬菜卡		制作美食图书
	制作糕点宣传单内页		制作美妆杂志
	制作飞机票宣传单		制作美食杂志目录
第 6 章 处理图像	制作茶叶海报	第 11 章 综合设计实训	制作招聘宣传单
	制作照片模板		制作《食客厨房》杂志封面
	制作新年卡片		制作牛奶包装
			制作房地产画册封面
			制作房地产画册内页

C O N T E N T S 目录

目录 C O N T E N T S

目录 C O N T E N T S

01 第1章
初识 InDesign CC 2019

本章主要介绍 InDesign CC 2019 的操作界面,详细讲解了对工具箱、面板、文件及图像的基本操作等。通过本章的学习,读者可以了解 InDesign CC 2019 的基本功能,为进一步学习排版艺术打下坚实的基础。

知识目标

- ✔ 了解 InDesign CC 2019 的操作界面
- ✔ 掌握设置文件的命令
- ✔ 掌握图像的基本操作命令

能力目标

- ✳ 熟练掌握文件的设置方法
- ✳ 掌握图像的基本操作方法

素质目标

- ○ 培养团队合作和协调能力
- ○ 培养有效收集并合理使用信息的能力
- ○ 培养主动学习的习惯

1.1　操作界面

1.1.1　【操作目的】

通过打开文件、复制对象和取消编组，熟悉工具箱中工具的使用方法和菜单栏的操作；通过改变图形的颜色，熟悉面板的使用方法。

1.1.2　【操作步骤】

（1）打开 InDesign CC 2019，选择"文件 > 打开"命令，弹出"打开"对话框。选择素材中的"Ch01 > 效果 > 组合卡通形象 .indd"文件，单击"打开"按钮打开文件，如图 1-1 所示。

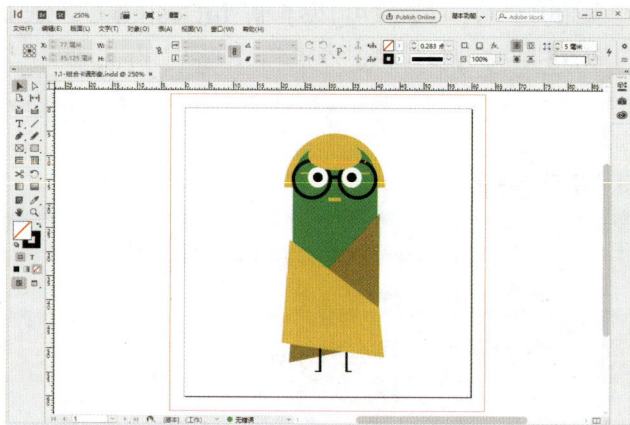

图 1-1

（2）选择图 1-1 左侧工具箱中的"选择"工具，单击选取卡通形象身体图形，如图 1-2 所示。按 Ctrl+C 组合键，复制图形。按 Ctrl+N 组合键，弹出"新建文档"对话框，选项的设置如图 1-3 所示。单击"边距和分栏"按钮，弹出"新建边距和分栏"对话框，选项的设置如图 1-4 所示。单击"确定"按钮，新建一个页面。按 Ctrl+V 组合键，将复制的图形粘贴到新建的页面中，如图 1-5 所示。

图 1-2

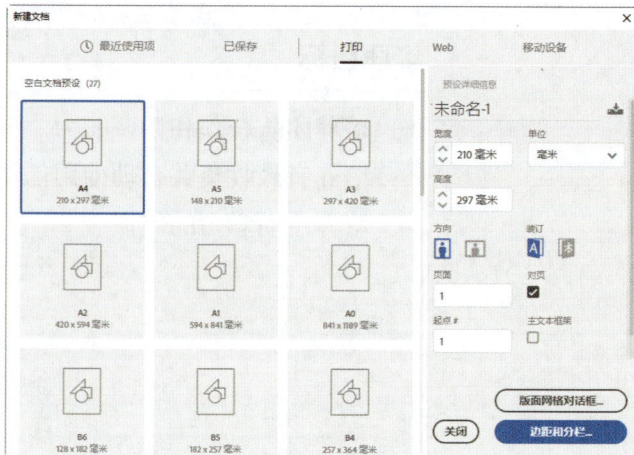

图 1-3

图 1-4

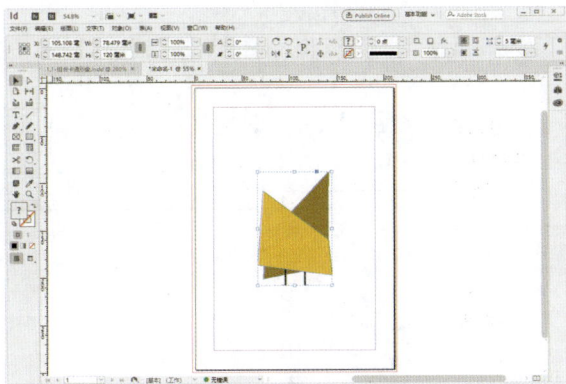

图 1-5

（3）在菜单栏中选择"对象 > 取消编组"命令，取消对象的编组状态。选择"选择"工具 ▶，选取图 1-6 所示的橘黄色图形，单击绘图窗口右侧的"颜色"按钮 ，弹出"颜色"面板，设置需要的颜色值，如图 1-7 所示。按 Enter 键，效果如图 1-8 所示。

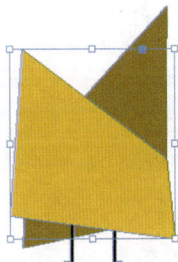

图 1-6

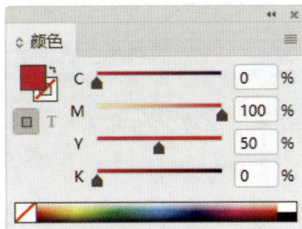

图 1-7

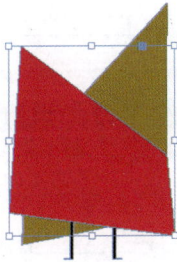

图 1-8

（4）按 Ctrl+S 组合键，弹出"存储为"对话框，单击"保存"按钮保存文件。

1.1.3 【相关知识】

1. 界面介绍

InDesign CC 2019 的工作界面主要由菜单栏、控制面板、标题栏、工具箱、面板、页面区域、滚动条、泊槽和状态栏等部分组成，如图 1-9 所示。

● 菜单栏：包括 InDesign CC 2019 中所有的操作命令，分为 9 个主菜单。每一个主菜单又包括多个子菜单，通过应用这些命令可以完成基本操作。

● 控制面板：用于选取或调用与当前页面中所选项目或对象有关的选项和命令。

● 标题栏：左侧是当前文档的名称和显示比例，右侧是控制窗口的按钮。

● 工具箱：包括 InDesign CC 2019 中所有的工具。大部分工具还有其展开式工具面板，里面包含与该工具功能相类似的工具，可以用来更方便、快捷地进行绘图与编辑。

● 面板：可以快速调出许多设置数值和调节功能的面板。面板是 InDesign CC 2019 中最重要的组件之一。面板是可以折叠的，也可根据需要分离或组合，具有很大的灵活性。

● 页面区域：指在工作界面中间以黑色实线表示的矩形区域，这个区域的大小就是用户设置的页面大小。页面区域还包括页面外的出血线、页面内的页边线和栏辅助线。

● 滚动条：当屏幕内不能完全显示出整个文档时，可通过拖曳滚动条来实现对整个文档的浏览。

- 泊槽：用于组织和存放面板。
- 状态栏：用于显示当前文档的所属页面、文档所处的状态等信息。

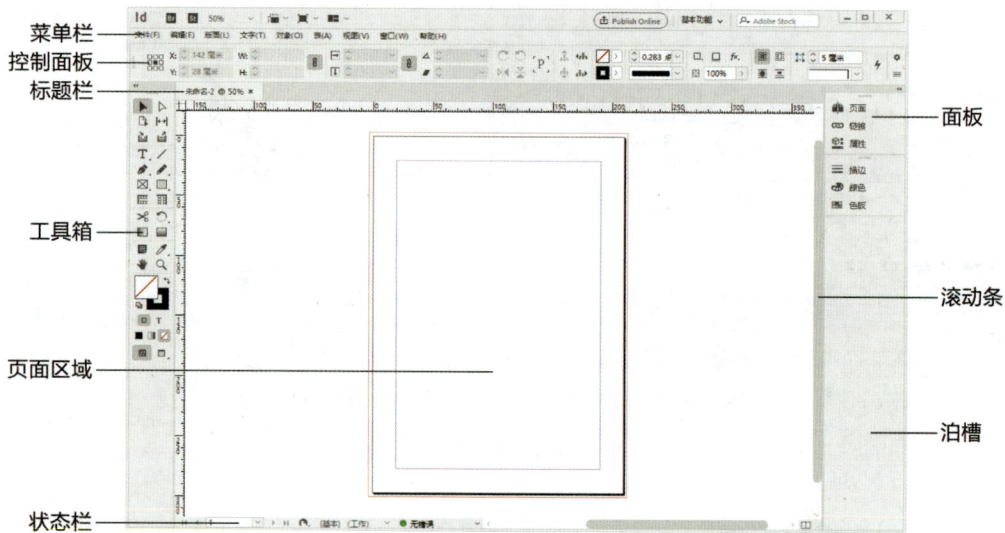

图 1-9

2．菜单栏及其快捷方式

在 InDesign CC 2019 中熟练地使用菜单栏能够快速有效地完成绘制和编辑任务，提高排版效率。下面对菜单栏进行详细介绍。

InDesign CC 2019 中的菜单栏包含"文件""编辑""版面""文字""对象""表""视图""窗口""帮助"9 个菜单，如图 1-10 所示。每个菜单中又包含相应的子菜单。单击每个菜单都将弹出其下拉菜单，如单击"版面"菜单，将弹出图 1-11 所示的下拉菜单。

文件(F)　编辑(E)　版面(L)　文字(T)　对象(O)　表(A)　视图(V)　窗口(W)　帮助(H)

图 1-10

下拉菜单的左侧是命令的名称，在经常使用的命令右侧是该命令的快捷键。使用快捷键命令可以提高操作速度。例如，"版面 > 转到页面"命令的快捷键为 Ctrl+J 组合键。

有些命令的右侧有一个向右的黑色箭头"〉"，表示该命令还有相应的下拉子菜单。单击箭头即可弹出其下拉菜单。有些命令的后面有省略号"…"，表示单击该命令即可弹出相应的对话框，可以在对话框中进行更详尽的设置。有些命令呈灰色，表示该命令在当前状态下为不可用，需要选中相应的对象或进行适当的设置后，该命令才会变为黑色可用状态。

图 1-11

3．工具箱

InDesign CC 2019 工具箱中的工具具有强大的功能，这些工具可以用来编辑文字、形状、线条、渐变等页面元素。

工具箱不能像其他面板一样进行堆叠、连接操作，但是可以通过单击工具箱上方的 ▸▸ 图标实现单栏或双栏显示，或拖曳工具箱的标题栏到页面中，将其变为活动面板。单击工具箱上方的按钮 ▾ 可

在垂直、水平和双栏 3 种外观间切换，如图 1-12 ~ 图 1-14 所示。工具箱中部分工具的右下角带有一个黑色三角形，表示该工具还有展开工具组。单击该工具并按住鼠标左键不放，即可弹出展开工具组。

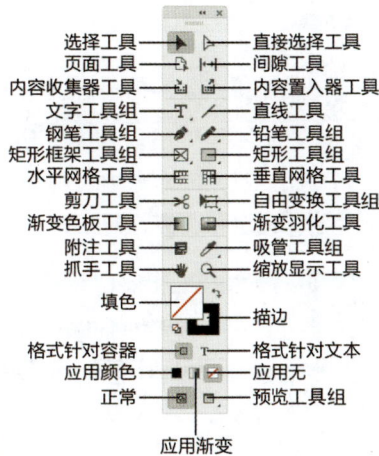

图 1-12   图 1-13   图 1-14

下面分别介绍各展开工具组。

● 文字工具组包括 4 个工具：文字工具、直排文字工具、路径文字工具和垂直路径文字工具，如图 1-15 所示。

● 钢笔工具组包括 4 个工具：钢笔工具、添加锚点工具、删除锚点工具和转换方向点工具，如图 1-16 所示。

● 铅笔工具组包括 3 个工具：铅笔工具、平滑工具和抹除工具，如图 1-17 所示。

● 矩形框架工具组包括 3 个工具：矩形框架工具、椭圆框架工具和多边形框架工具，如图 1-18 所示。

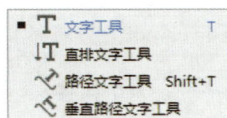
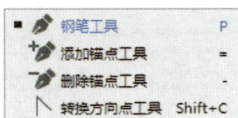

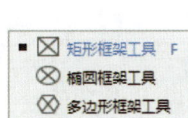

图 1-15   图 1-16   图 1-17   图 1-18

● 矩形工具组包括 3 个工具：矩形工具、椭圆工具和多边形工具，如图 1-19 所示。

● 自由变换工具组包括 4 个工具：自由变换工具、旋转工具、缩放工具和切变工具，如图 1-20 所示。

● 吸管工具组包括 3 个工具：颜色主题工具、吸管工具和度量工具，如图 1-21 所示。

● 预览工具组包括 4 个工具：预览、出血、辅助信息区和演示文稿，如图 1-22 所示。

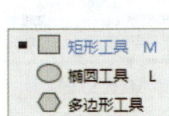

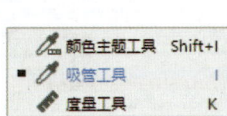
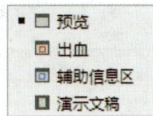

图 1-19   图 1-20   图 1-21   图 1-22

4．控制面板

当用户选择不同的对象时，控制面板将显示不同的选项，如图 1-23 ~ 图 1-25 所示。

图 1-23

图 1-24

图 1-25

使用工具绘制对象时，可以在控制面板中设置所绘制对象的属性，可以对图形、文本和段落的属性进行设定和调整。

> **提示**　当控制面板中的选项改变时，可以通过工具提示来了解有关各选项的更多信息。将鼠标指针移到一个图符或选项上停留片刻会自动出现工具提示。

5. 使用面板

在 InDesign CC 2019 的"窗口"菜单中，提供了"附注""渐变""交互""链接""描边""任务""色板""输出""属性""图层""文本绕排""文字和表""效果""信息""颜色""页面"等多种面板。常见的面板操作如下。

◎ 显示某个面板或其所在的组

在"窗口"菜单中选择面板的名称，可调出某个面板或其所在的组。要隐藏面板，可在"窗口"菜单中再次单击面板的名称。如果这个面板已经在页面上显示了，那么该面板命令前会显示"√"。

> **提示**　按 Shift+Tab 组合键，可显示或隐藏除控制面板和工具箱外的所有面板；按 Tab 键，可隐藏所有的面板和工具箱。

◎ 排列面板

在面板组中，单击面板的名称标签，该面板就会被选中并显示为可操作的状态，如图 1-26 所示。可以把组中的任意面板拖到组的外面，如图 1-27 所示；也可以建立一个独立的面板，如图 1-28 所示。

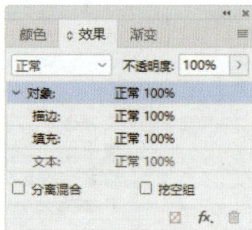

图 1-26

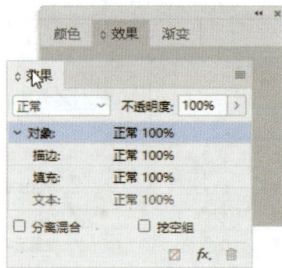

图 1-27

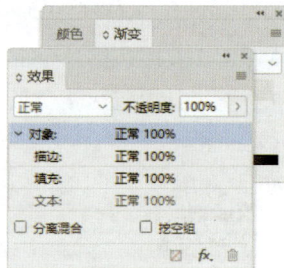

图 1-28

将鼠标指针置于任意面板的标签上，按住 Alt 键并拖动该面板即可移动整个面板组。

◎ 调用面板菜单

单击面板右上方的 ≡ 按钮，会弹出当前面板的面板菜单，如图 1-29 所示。

◎ 改变面板的高度和宽度

第一次单击面板中的"折叠为图标"按钮 ◄◄，可将面板折叠为图标；单击"展开面板"按钮 ►►，可以使面板恢复默认大小。

如果需要改变面板的高度和宽度，可以将鼠标指针放置在面板右下角，指针变为 ⬉ 图标，单击并按住鼠标左键不放，拖曳鼠标可缩放面板。

这里以"色板"面板为例，原面板效果如图 1-30 所示。将鼠标指针放置在面板右下角，指针变为 ⬉ 图标，单击并按住鼠标左键不放，拖曳鼠标到适当的位置，如图 1-31 所示；松开鼠标左键后，效果如图 1-32 所示。

图 1-29

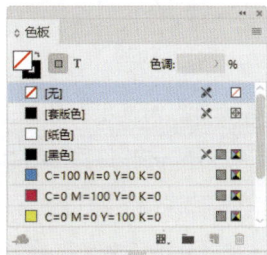

图 1-30

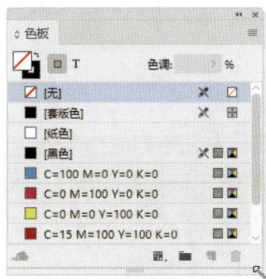

图 1-31

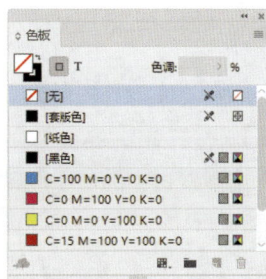

图 1-32

◎ 将面板收缩到泊槽

在泊槽中的面板标签上单击并按住鼠标左键不放，将其拖曳到页面中，如图 1-33 所示；松开鼠标左键，可以将缩进的面板转换为浮动面板，如图 1-34 所示。在页面中的浮动面板标签上单击并按住鼠标左键不放，将其拖曳到泊槽中，如图 1-35 所示；松开鼠标左键，可以将浮动面板转换为缩进面板，如图 1-36 所示。拖曳缩进到泊槽中的面板标签，将其放到其他的缩进面板中，可以组合出新的缩进面板组。使用相同的方法可以将多个缩进面板合并为一组。

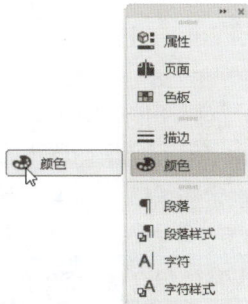

图 1-33

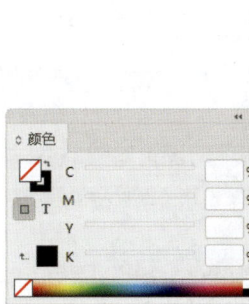

图 1-34

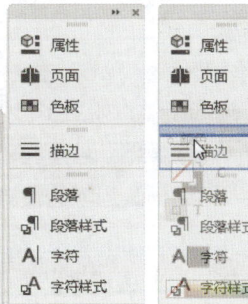

图 1-35

图 1-36

单击面板标签（如页面标签 ▥ 页面），可以显示或隐藏面板。单击泊槽上方的 ►► 按钮，可以使面板变成展开面板或将其折叠为图标。

6．状态栏

状态栏在工作界面的最下面，如图 1-37 所示，它包括两部分：左侧显示当前文档的所属页面，弹出式菜单可显示当前的页码；右侧是滚动条，当绘制的图像过大不能完全显示时，可以通过拖曳滚动条浏览整个图像。

图 1-37

1.2　文件设置

1.2.1　【操作目的】

通过打开文件熟练掌握"打开"命令，通过复制文件熟练掌握"新建"命令，通过关闭新建文件，熟练掌握"保存"和"关闭"命令。

1.2.2　【操作步骤】

（1）打开 InDesign CC 2019，选择"文件 > 打开"命令，弹出"打开文件"对话框，如图 1-38 所示。选择素材中的"Ch01 > 效果 > 绘制闹钟图标 .indd"文件，单击"打开"按钮打开文件，如图 1-39 所示。

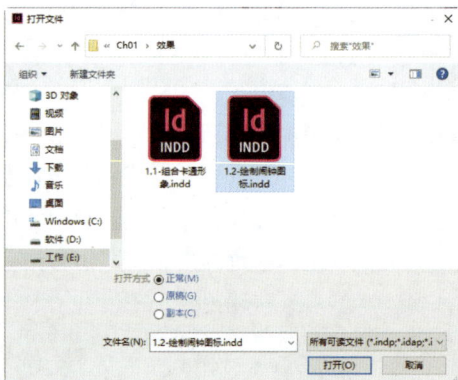

图 1-38

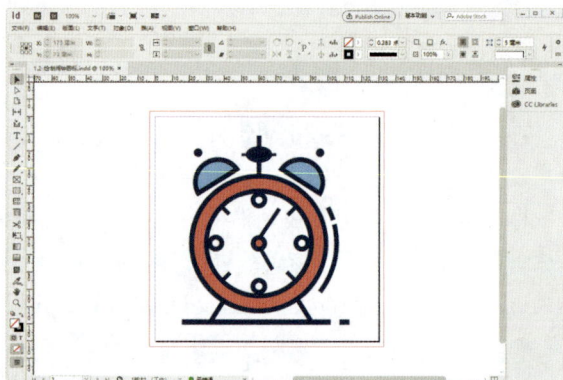

图 1-39

（2）按 Ctrl+A 组合键，全选图形，如图 1-40 所示。按 Ctrl+C 组合键，复制图形。选择"文件 > 新建 > 文档"命令，弹出"新建文档"对话框，选项的设置如图 1-41 所示。单击"边距和分栏"按钮，弹出"新建边距和分栏"对话框，选项的设置如图 1-42 所示。单击"确定"按钮，新建一个页面。

（3）按 Ctrl+V 组合键，将复制的图形粘贴到新建的页面中。按 Shift+Ctrl+G 组合键，取消图形编组，如图 1-43 所示。单击绘图窗口右上角的按钮 ✕ ，弹出提示对话框，如图 1-44 所示。单击"是"按钮，弹出"存储为"对话框，选项的设置如图 1-45 所示。单击"保存"按钮，保存文件。

（4）再次单击绘图窗口右上角的按钮 ✕ ，关闭打开的"绘制闹钟图标"文件。单击标题栏右侧的"关闭"按钮 ✕ ，可关闭软件。

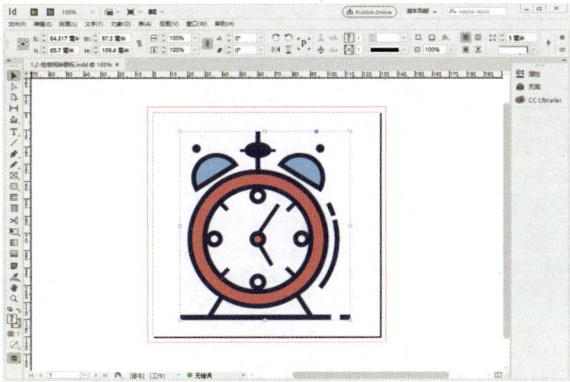
图 1-40

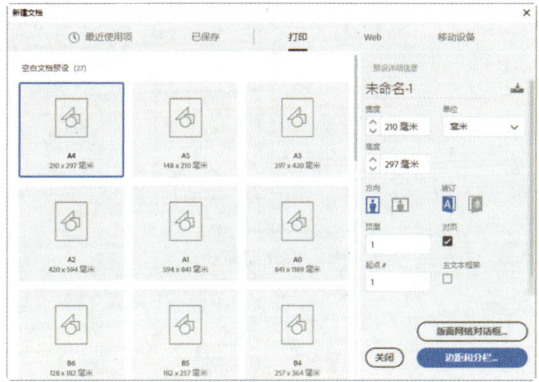
图 1-41

图 1-42

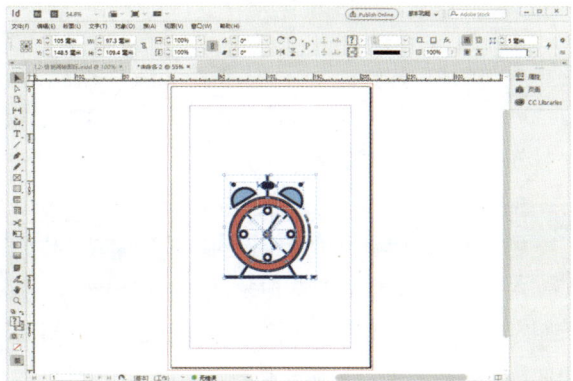
图 1-43

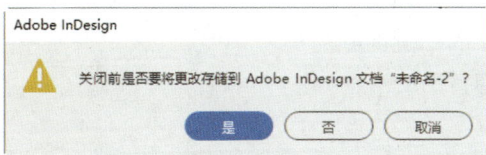
图 1-44

图 1-45

1.2.3 【相关知识】

1．新建文件

新建文档是设计制作的第一步，用户可以根据自己的设计需要新建文档。

选择"文件 > 新建 > 文档"命令，或按 Ctrl+N 组合键，弹出"新建文档"对话框。用户可根据需要单击上方的类别标签，选择需要的预设新建文档，如图 1-46 所示。在右侧的"预设详细信息"选项区中可修改文档的名称、宽度、高度、单位、方向和页面等预设数值。其中主要选项的功能如下。

图 1-46

- "名称"选项：用于输入新建文档的名称，默认状态下为"未命名 - 1"。
- "宽度"和"高度"选项：用于设置文档的宽度和高度的数值。页面的宽、高代表页面外出血和其他标记被裁掉以后的成品尺寸。
- "单位"选项：用于设置文档所采用的单位，默认状态下为"毫米"。
- "方向"选项：单击"纵向"按钮 或"横向"按钮 ，页面方向会发生纵向或横向的变化。
- "装订"选项：有两种装订方式可供选择，即向左翻或向右翻。单击"从左到右"按钮 ，将按照左边装订的方式装订；单击"从右到左"按钮 ，将按照右边装订的方式装订。一般文本横排的版面选择左边装订，文本竖排的版面选择右边装订。
- "页面"选项：用于根据需要输入文档的总页数。
- "对页"复选框：勾选此项可以在多页文档中建立左右页以对页形式显示的版面格式，就是通常所说的对开页；不勾选此项，新建文档的页面格式都以单面单页形式显示。
- "起点"选项：用于设置文档的起始页码。
- "主文本框架"复选框：用于为多页文档创建常规的主页面。勾选此项后，InDesign CC 2019 会自动在所有页面上加上一个文本框。

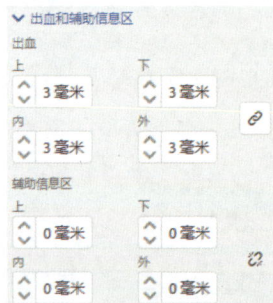

图 1-47

单击"出血和辅助信息区"左侧的箭头 按钮，展开"出血和辅助信息区"设置区，如图 1-47 所示，可以设定出血及辅助信息区的尺寸。

> **提示**
>
> 出血是为了避免在裁切带有超出成品边缘的图片或背景的作品时，因裁切的误差而露出白边所采取的预防措施，通常是在成品页面外扩展 3 mm。

单击"边距和分栏"按钮，弹出"新建边距和分栏"对话框。在对话框中，可以在"边距"设置区中设置页面边空的尺寸，包括"上""下""内""外"4 项，如图 1-48 所示。在新建的页面中，页边距所表示的"上""下""内""外"如图 1-49 所示。在"栏"设置区中可以设置栏数、栏间距和排版方向。设置需要的数值后，单击"确定"按钮，新建一个页面。

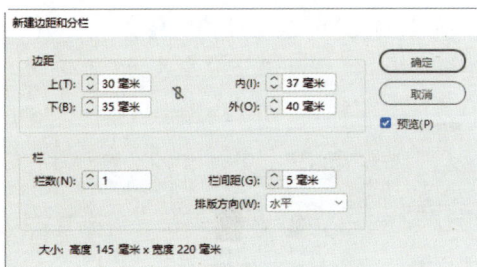

图 1-48

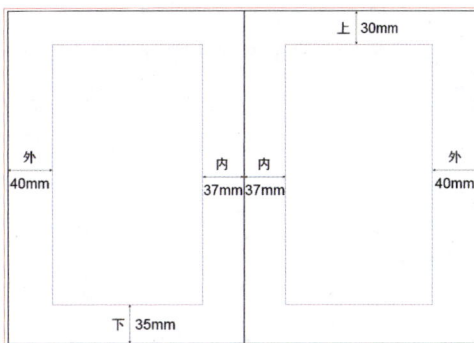

图 1-49

2．打开文件

选择"文件 > 打开"命令，或按 Ctrl+O 组合键，弹出"打开文件"对话框，如图 1-50 所示。在对话框中选择要打开文件所在的位置并单击文件名，在"文件类型"下拉列表中选择文件的类型。在"打开方式"选项组中，选择"正常"单选项，将正常打开文件；选择"原稿"单选项，将打开文件的原稿；选择"副本"单选项，将打开文件的副本。设置完成后，单击"打开"按钮，窗口中就会显示打开的文件，如图 1-51 所示。也可以直接双击文件名来打开文件。

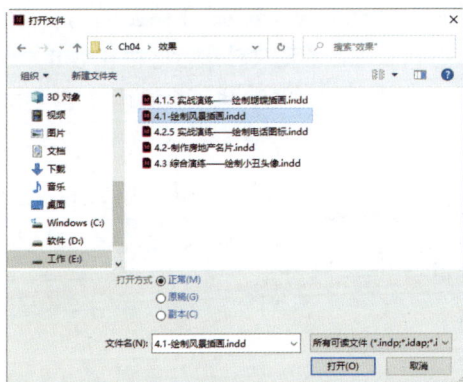

图 1-50

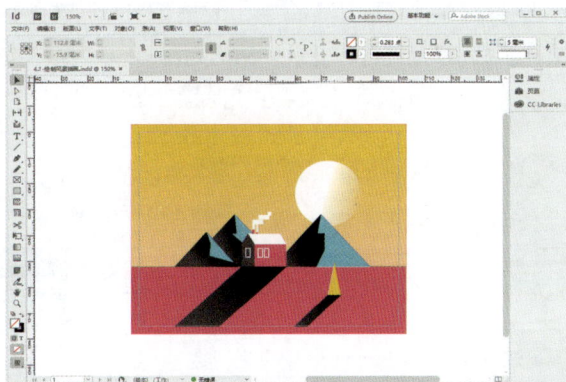

图 1-51

3．保存文件

如果是新创建或无须保留原文件的出版物，可以使用"存储"命令直接进行保存。如果想要将打开的文件进行修改或编辑后，不替代原文件而进行保存，则需要使用"存储为"命令。

◎ 保存新创建文件

选择"文件 > 存储"命令，或按 Ctrl+S 组合键，弹出"存储为"对话框。在对话框中选择文件要保存的位置，在"文件名"文本框中输入文件名，在"保存类型"下拉列表中选择文件保存的类型，如图 1-52 所示。单击"保存"按钮，将文件保存。

> **提示**
>
> 第 1 次保存文件时，InDesign CC 2019 会提供一个默认的文件名"未命名 -1"。

◎ 另存已有文件

选择"文件 > 存储为"命令，弹出"存储为"对话框。选择文件的保存位置并输入新的文件名，再选择保存类型，如图 1-53 所示。单击"保存"按钮，保存的文件不会替代原文件，而是以新的文件名另外进行保存。此命令可称为"换名存储"。

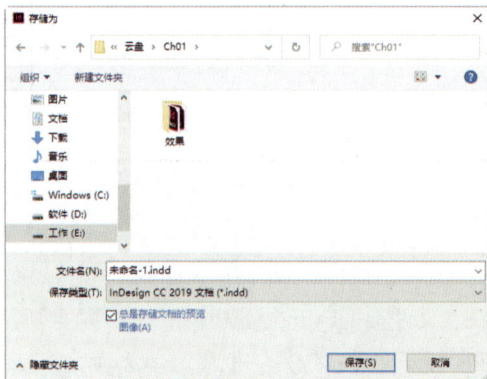

图 1-52

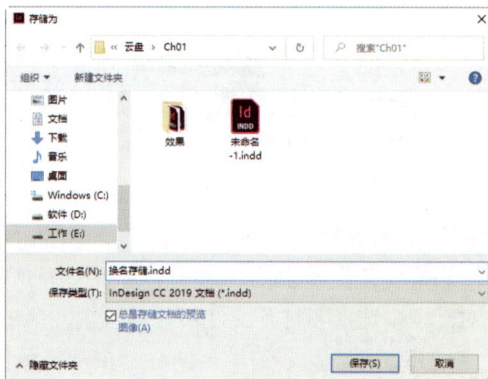

图 1-53

4．关闭文件

选择"文件 > 关闭"命令，或按 Ctrl+W 组合键，文件将会被关闭。如果文档没有保存，将会弹出一个提示对话框，如图 1-54 所示。单击"是"按钮，将在关闭之前对文档进行保存；单击"否"按钮，关闭文档时将不对文档进行保存；单击"取消"按钮，文档不会关闭，也不会进行保存操作。

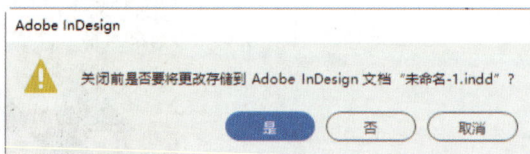

图 1-54

1.3　图像操作

1.3.1　【操作目的】

通过窗口层叠显示命令，掌握窗口排列的方法；通过缩小文件，掌握图像的显示方式；通过更改图像的显示设置，掌握图像显示品质的切换方法。

1.3.2　【操作步骤】

（1）打开素材中的"Ch01 > 效果 > 绘制休闲卡通插画 .indd"文件，如图 1-55 所示。新建 3 个文件，并分别将锅、树和背景复制到新建的文件中，如图 1-56 ～图 1-58 所示。

（2）选择"窗口 > 排列 > 全部在窗口中浮动"命令，可将 4 个窗口在软件中层叠显示，如图 1-59 所示。单击"绘制休闲卡通插画"窗口的标题栏，将该窗口显示在前面，如图 1-60 所示。

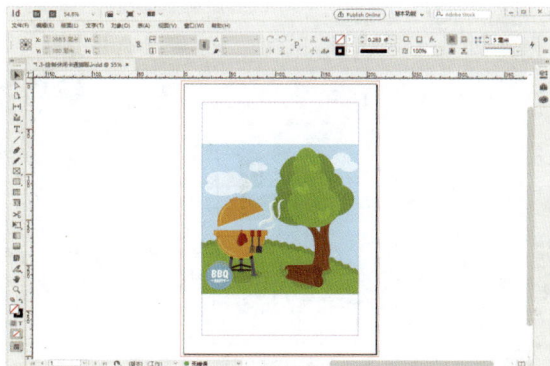

图 1-55

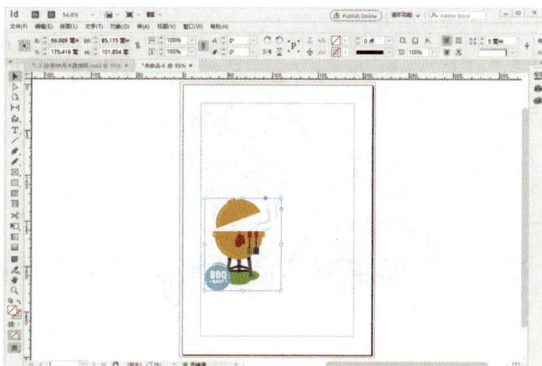

图 1-56

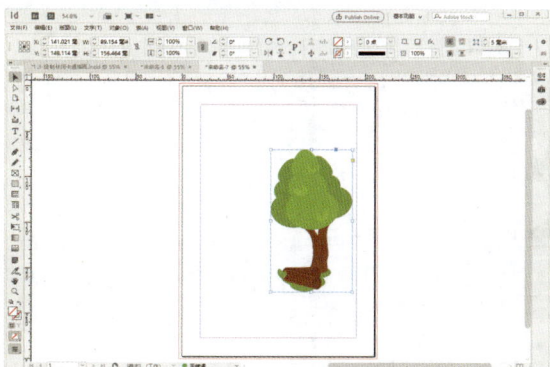

图 1-57

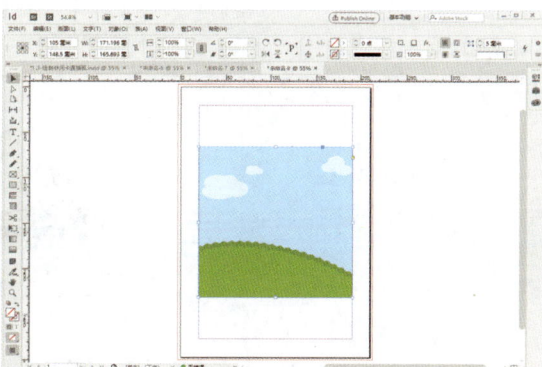

图 1-58

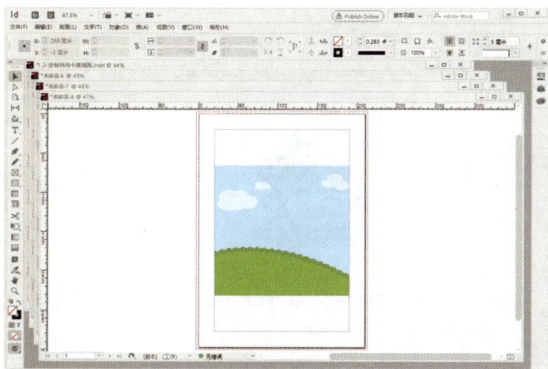

图 1-59

图 1-60

（3）选择"缩放显示"工具 🔍，在绘图页面中单击，使页面放大，如图 1-61 所示。按住 Alt 键不放，多次单击将页面缩小到适当的大小，如图 1-62 所示。

（4）双击"抓手"工具 ✋，将图像调整为适合窗口大小显示，如图 1-63 所示。

（5）选择"视图 > 显示性能 > 快速显示"命令，图像如图 1-64 所示；选择"视图 > 显示性能 > 高品质显示"命令，图像如图 1-65 所示。

图 1-61

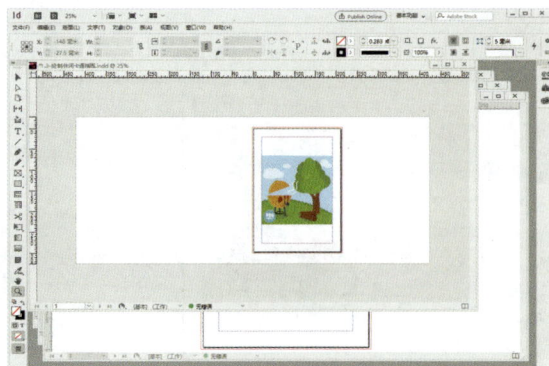
图 1-62

图 1-63

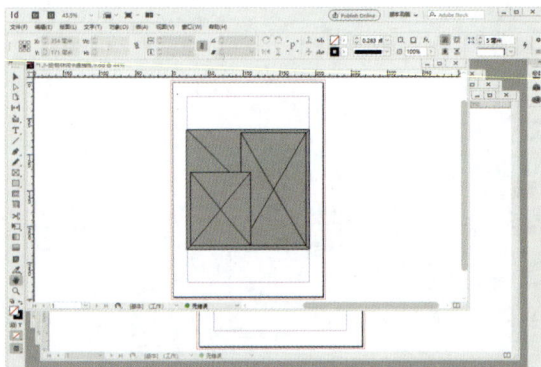
图 1-64

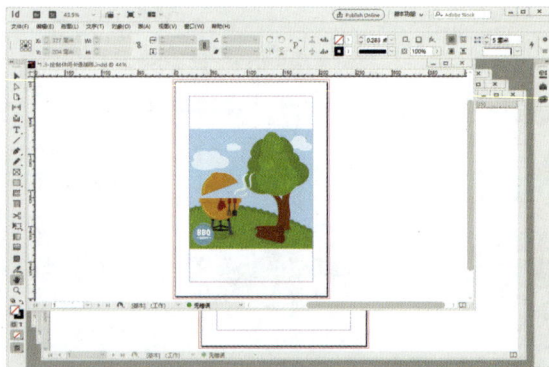
图 1-65

1.3.3　【相关知识】

1. 图像的显示

图像的显示方式主要有快速显示、典型显示和高品质显示 3 种，如图 1-66 所示。

● 快速显示是将栅格图或矢量图显示为灰色块。

● 典型显示是显示低分辨率的代理图像，用于点阵图或矢量图的识别和定位。典型显示是默认选项，是显示可识别图像的最快方式。

● 高品质显示是将栅格图或矢量图以高分辨率显示。这一选项提供最高的图像质量，但显示速度最慢。当需要做局部微调时，可选择该选项。

图像显示方式不会影响 InDesign 文件在输出或打印时的图像质量。在打印到 PostScript 设备或导出为 EPS、PDF 文件时，最终的图像分辨率取决于打印或导出时的输出选项。

| 快速显示 | 典型显示 | 高品质显示 |

图 1-66

2．视图的显示

通过"视图"菜单可以选择预定视图以显示页面或粘贴板。选择某个预定视图后，页面将保持此视图效果，直到再次改变预定视图为止。

◎ 显示整页

选择"视图 > 使页面适合窗口"命令，可以使页面适合窗口显示，如图 1-67 所示；选择"视图 > 使跨页适合窗口"命令，可以使对开页适合窗口显示，如图 1-68 所示。

图 1-67

图 1-68

◎ 显示实际大小

选择"视图 > 实际尺寸"命令，可以在窗口中显示页面的实际大小，也就是使页面 100% 地显示，如图 1-69 所示。

◎ 显示完整粘贴板

选择"视图 > 完整粘贴板"命令，可以查找或浏览全部粘贴板上的对象，此时屏幕中显示的是缩小的页面和整个粘贴板，如图 1-70 所示。

◎ 放大或缩小页面视图

选择"视图 > 放大（或缩小）"命令，可以将当前页面视图放大或缩小，也可以选择"缩放显示"工具 🔍 进行缩放。

当页面中的"缩放显示"工具图标变为 🔍 图标时，单击可以放大页面视图；按住 Alt 键时，页面中的"缩放显示"工具图标变为 🔍 图标，单击可以缩小页面视图。

选择"缩放显示"工具 🔍 ，按住鼠标左键沿着想放大的区域拖曳出一个虚线框，如图 1-71 所示。虚线框范围内的内容会被放大显示，效果如图 1-72 所示。

图 1-69

图 1-70

图 1-71

图 1-72

按 Ctrl+ + 组合键，可以对页面视图按比例进行放大；按 Ctrl+ - 组合键，可以对页面视图按比例进行缩小。

在页面中单击鼠标右键，弹出图 1-73 所示的快捷菜单，可以选择相应的命令对页面视图进行编辑。

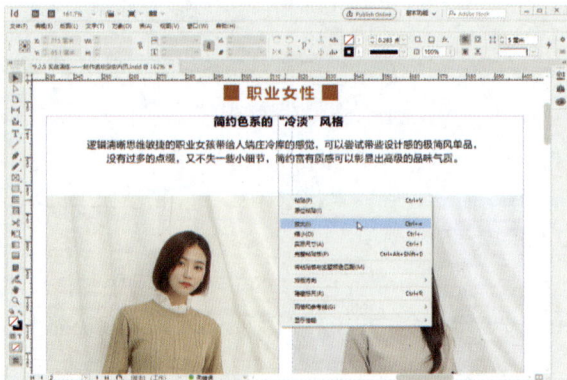

图 1-73

选择"抓手"工具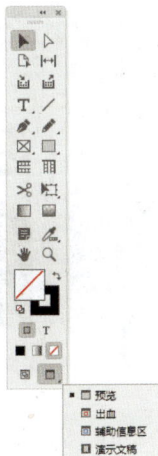，按住鼠标左键并拖曳鼠标可以对窗口中的页面进行移动。

3．预览文档

通过工具箱中的预览工具可预览文件，如图 1-74 所示。

● 正常：单击工具箱底部的"正常显示模式"按钮 ⬚，文件将以正常显示模式显示。

● 预览：单击工具箱底部的"预览显示模式"按钮 ⬚，文件将以预览显示模式显示，可以显示文件的实际效果。

● 出血：单击工具箱底部的"出血显示模式"按钮 ⬚，文件将以出血显示模式显示，可以显示文件及其出血部分的效果。

● 辅助信息区：单击工具箱底部的"辅助信息区"按钮 ⬚，可以显示文件制作为成品后的效果。

图 1-74

● 演示文稿：单击工具箱底部的"演示文稿"按钮 ⬚，InDesign 文件将以演示文稿的形式显示。在演示文稿模式下，应用程序菜单、面板、参考线及框架边缘都是隐藏的。

选择"视图 > 屏幕模式 > 预览"命令（见图 1-75）也可显示预览效果，如图 1-76 所示。

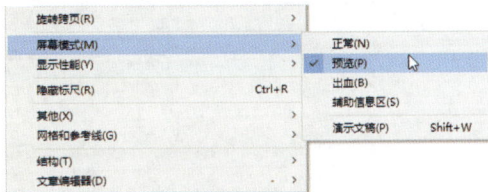

图 1-75

图 1-76

4．窗口的排列

排版文件的窗口显示主要有层叠和平铺两种。

● 选择"窗口 > 排列 > 层叠"命令，可以将打开的几个排版文件层叠在一起，只显示位于窗口最上面的文件，如图 1-77 所示。如果想选择需要操作的文件，单击文件名即可。

● 选择"窗口 > 排列 > 平铺"命令，可以将打开的几个排版文件分别水平平铺显示在窗口中，效果如图 1-78 所示。

● 选择"窗口 > 排列 > 新建窗口"命令，可以将打开的文件复制一份。

图1-77

图1-78

5．显示或隐藏框架边缘

InDesign CC 2019 在默认状态下，即使没有选定图形，也显示框架边缘，这样在绘制过程中页面就显得拥挤，不易编辑。可以通过使用"隐藏框架边缘"命令隐藏框架边缘来简化屏幕显示。

在页面中绘制一个图形，如图 1-79 所示。选择"视图 > 其他 > 隐藏框架边缘"命令，隐藏页面中图形的框架边缘，效果如图 1-80 所示。

图1-79

图1-80

02

第 2 章
绘制和编辑图形对象

本章主要介绍 InDesign CC 2019 的绘制和编辑图形对象的功能。通过本章的学习，读者可以熟练掌握在 InDesign CC 2019 中绘制、编辑、对齐、分布及组合图形对象的方法和技巧，实现各种图形效果。

知识目标

- 熟练掌握绘制图形的技巧
- 掌握编辑对象的方法
- 掌握组合图形对象的方法

能力目标

- 掌握卡通船的绘制方法
- 掌握建筑图标的绘制方法
- 掌握动物图标的绘制方法
- 掌握卡通表情的绘制方法
- 掌握卡通头像的绘制方法

素质目标

- 培养勤于练习的习惯
- 培养创造性思维
- 培养能够正确理解他人要求的能力

2.1　绘制卡通船

2.1.1　【案例分析】

装饰图是一种并不强调很高的艺术性，但非常讲究协调和美化效果的特殊艺术类型作品。本案例是为某航海类儿童读物绘制一幅卡通插画，要求作品简洁大方、生动形象。

2.1.2　【设计理念】

使用简单的图形拼凑出一艘卡通船形象，大胆采用亮丽的颜色，使画面明快、鲜艳，散发出童真、活泼的气息，既符合儿童的抽象思维及审美，又贴合主题。最终效果如图 2-1 所示（参看素材中的"Ch02 > 效果 > 绘制卡通船 .indd"）。

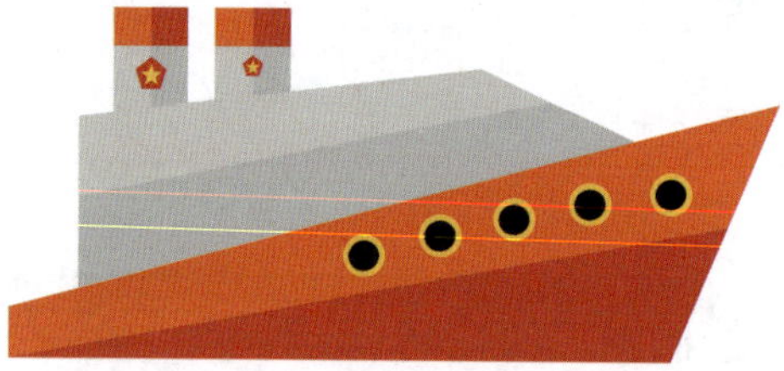

绘制卡通船

图 2-1

2.1.3　【操作步骤】

（1）打开 InDesign CC 2019，选择"文件 > 新建 > 文档"命令，弹出"新建文档"对话框，设置如图 2-2 所示。单击"边距和分栏"按钮，弹出"新建边距和分栏"对话框，设置如图 2-3 所示。单击"确定"按钮，新建一个页面。选择"视图 > 其他 > 隐藏框架边缘"命令，将所绘制图形的框架边缘隐藏。

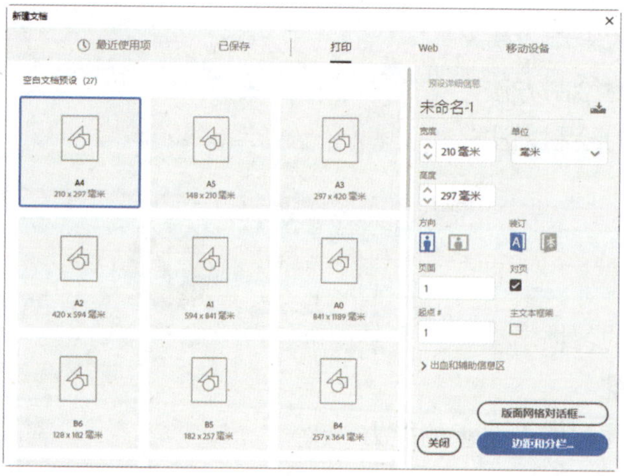

图 2-2

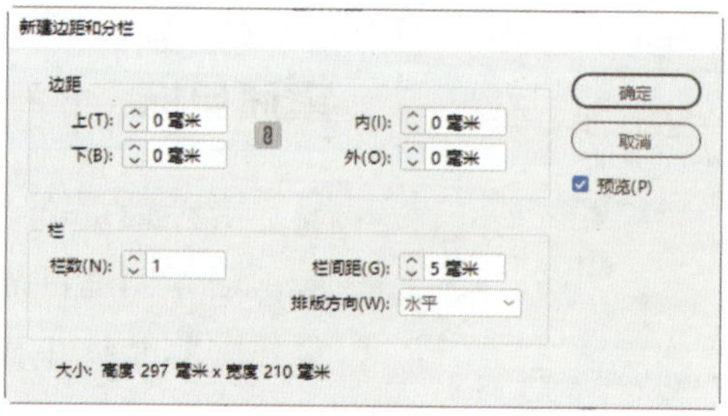

图 2-3

（2）选择"矩形"工具▣，在页面中绘制一个矩形，如图 2-4 所示。选择"窗口 > 颜色 > 颜色"命令，在弹出的"颜色"面板中设置填充色的 CMYK 值为 40、26、25、0，填充图形，并设置描边色为无，效果如图 2-5 所示。

图 2-4

图 2-5

（3）选择"矩形"工具▣，在页面中再绘制一个矩形，如图 2-6 所示。在"颜色"面板中，设置填充色的 CMYK 值为 0、80、100、0，填充图形，并设置描边色为无，效果如图 2-7 所示。

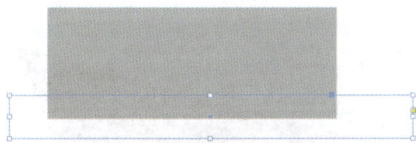

图 2-6

图 2-7

（4）选择"直接选择"工具▷，单击选取需要的锚点，如图 2-8 所示。按住鼠标左键向上拖曳锚点到适当的位置，松开鼠标，效果如图 2-9 所示。

图 2-8

图 2-9

（5）再次单击选取需要的锚点，如图 2-10 所示。按住鼠标左键向上拖曳锚点到适当的位置，松开鼠标，效果如图 2-11 所示。

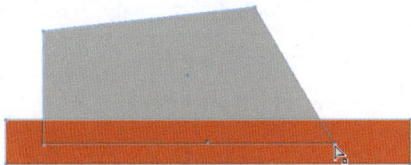

图 2-10

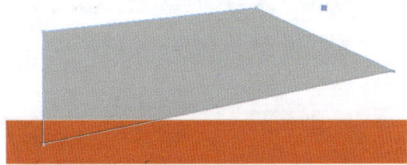

图 2-11

（6）用相同的方法调整下方的矩形锚点，效果如图 2-12 所示。使用"选择"工具▶，选择需要的图形，如图 2-13 所示。按 Ctrl+C 组合键，复制图形。选择"编辑 > 原位粘贴"命令，原位粘贴图形。

图 2-12

图 2-13

（7）在"颜色"面板中，设置填充色的 CMYK 值为 30、22、20、0，填充图形，并设置描边色为无，效果如图 2-14 所示。选择"直接选择"工具 ，选择需要的锚点，如图 2-15 所示。

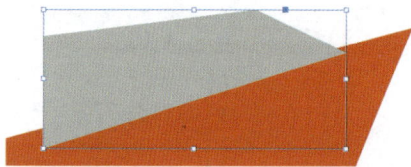

图 2-14

图 2-15

（8）按住鼠标左键向上拖曳锚点到适当的位置，松开鼠标，效果如图 2-16 所示。用相同的方法拖曳图形的其他锚点，效果如图 2-17 所示。

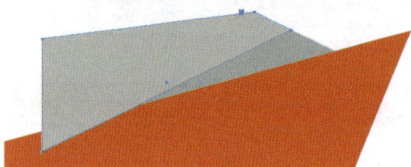

图 2-16

图 2-17

（9）选择"选择"工具 ，选取需要的图形，如图 2-18 所示。按 Ctrl+C 组合键，复制图形。选择"编辑 > 原位粘贴"命令，原位粘贴图形。在"颜色"面板中，设置填充色的 CMYK 值为 0、90、100、15，填充图形，并设置描边色为无，效果如图 2-19 所示。

图 2-18

图 2-19

（10）选择"删除锚点"工具 ，将鼠标指针放置在不需要的锚点上，如图 2-20 所示。单击鼠标左键，删除锚点，如图 2-21 所示。

图 2-20

图 2-21

（11）选择"直接选择"工具 ，选取需要的锚点并将其拖曳到适当的位置，效果如图 2-22 所示。选择"矩形"工具 ，在页面中绘制矩形。在"颜色"面板中，设置填充色的 CMYK 值为 30、22、20、0，填充图形，并设置描边色为无，效果如图 2-23 所示。

（12）按 Ctrl+C 组合键，复制矩形。选择"编辑 > 原位粘贴"命令，原位粘贴矩形。在"颜色"面板中，设置填充色的 CMYK 值为 40、26、25、0，填充图形，并设置描边色为无，效果如图 2-24 所示。向右拖曳左侧中间的控制手柄到适当的位置，调整图形的大小，效果如图 2-25 所示。

图 2-22

图 2-23

图 2-24

图 2-25

（13）选择"选择"工具 ▶，用圈选的方法选取需要的图形，如图 2-26 所示。选择"对象 > 排列 > 置为底层"命令，将两个矩形置于所有图形的下方，如图 2-27 所示。

（14）选择"矩形"工具 ▢，在页面中绘制矩形。在"颜色"面板中，设置填充色的 CMYK 值为 0、80、100、0，填充图形，并设置描边色为无，效果如图 2-28 所示。按 Ctrl+C 组合键，复制矩形。选择"编辑 > 原位粘贴"命令，原位粘贴矩形。在"颜色"面板中，设置填充色的 CMYK 值为 0、90、100、15，填充图形，并设置描边色为无，效果如图 2-29 所示。

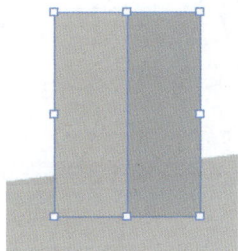

图 2-26

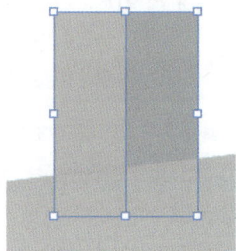

图 2-27

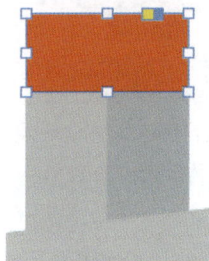

图 2-28

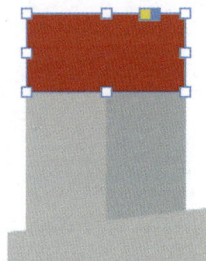

图 2-29

（15）选择"选择"工具 ▶，选取需要的图形，向右拖曳左侧中间的控制手柄到适当的位置，调整图形的大小，效果如图 2-30 所示。

（16）双击"多边形"工具 ◉，弹出"多边形设置"对话框，选项的设置如图 2-31 所示。单击"确定"按钮。在按住 Shift 键的同时，在页面中拖曳鼠标绘制五边形。在"颜色"面板中，设置填充色的 CMYK 值为 0、90、100、15，填充图形，并设置描边色为无，效果如图 2-32 所示。

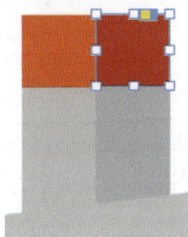

图 2-30

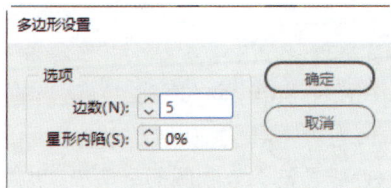

图 2-31

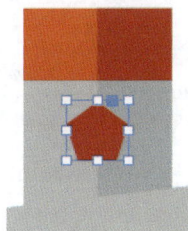

图 2-32

（17）双击"多边形"工具 ◎ ，弹出"多边形设置"对话框，选项的设置如图 2-33 所示，单击"确定"按钮。在按住 Shift+Alt 组合键的同时，在页面中以五边形的中心点为中心绘制星形。在"颜色"面板中，设置填充色的 CMYK 值为 0、30、100、0，填充图形，并设置描边色为无，如图 2-34 所示。

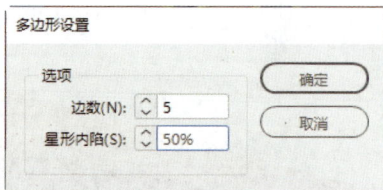

图 2-33

图 2-34

（18）选择"选择"工具 ▶ ，选取需要的图形，如图 2-35 所示。按 Ctrl+C 组合键，复制图形。选择"编辑 > 原位粘贴"命令，原位粘贴图形。按住 Shift 键的同时，将复制后的图形向右拖曳到适当的位置，效果如图 2-36 所示。

图 2-35

图 2-36

（19）在按住 Shift 键的同时，选中需要的图形，如图 2-37 所示。向内拖曳控制手柄调整图形的大小，并将其拖曳到适当的位置，效果如图 2-38 所示。

（20）用圈选的方法将需要的图形同时选取，如图 2-39 所示。选择"对象 > 排列 > 置为底层"命令，将图形置于所有图形的下方，如图 2-40 所示。

图 2-37

图 2-38

图 2-39

图 2-40

（21）选择"椭圆"工具 ◎ ，在按住 Shift 键的同时，在适当的位置拖曳鼠标绘制圆形。在"颜色"面板中，设置填充色的 CMYK 值为 0、30、100、0，填充图形，并设置描边色为无，如图 2-41 所示。选中刚绘制的圆形，按 Ctrl+C 组合键，复制圆形。选择"编辑 > 原位粘贴"命令，原位粘贴圆形。填充图形为黑色，并设置描边色为无，如图 2-42 所示。

图 2-41

图 2-42

（22）选择"选择"工具 ▶️，选取需要的图形。在按住 Shift+Alt 组合键的同时，向内拖曳控制手柄到适当的位置，调整图形的大小，如图 2-43 所示。选中两个圆形，如图 2-44 所示。选择"对象 > 编组"命令，将选取的两个圆形编组，效果如图 2-45 所示。在按住 Alt 键的同时，将图形多次拖曳到适当的位置，复制图形，效果如图 2-46 所示。卡通船绘制完成。

图 2-43

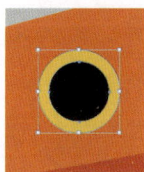

图 2-44

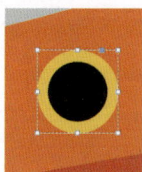

图 2-45

图 2-46

2.1.4 【相关知识】

1. 矩形和正方形

◎ 使用鼠标直接拖曳的方法绘制矩形

选择"矩形"工具 ▣，鼠标指针会变成-¦-形状，按住鼠标左键不放，拖曳鼠标指针到合适的位置，如图 2-47 所示。松开鼠标，绘制出一个矩形，如图 2-48 所示。指针的起点与终点决定矩形的大小。在按住 Shift 键的同时，再进行绘制，可以绘制出一个正方形，如图 2-49 所示。

图 2-47

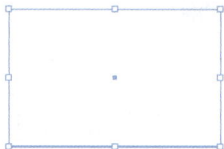

图 2-48

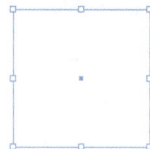

图 2-49

在按住 Shift+Alt 组合键的同时，在绘图页面中拖曳鼠标指针，以当前点为中心绘制正方形。

◎ 使用对话框精确绘制矩形

选择"矩形"工具 ▣，在页面中单击，弹出"矩形"对话框，在对话框中可以设定所要绘制矩形的宽度和高度。

设置需要的数值，如图 2-50 所示，单击"确定"按钮，在页面单击处出现需要的矩形，如图 2-51 所示。

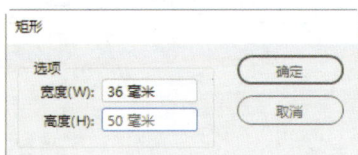

图 2-50

图 2-51

◎ 使用"角选项"命令制作矩形角的变形

选择"选择"工具 ▶，选取绘制好的矩形。选择"对象 > 角选项"命令，弹出"角选项"对话框。在"转角大小"文本框中输入数值以指定角效果到每个角点的扩展半径，在"形状"选项中分别选取需要的角形状，单击"确定"按钮，效果如图 2-52 所示。

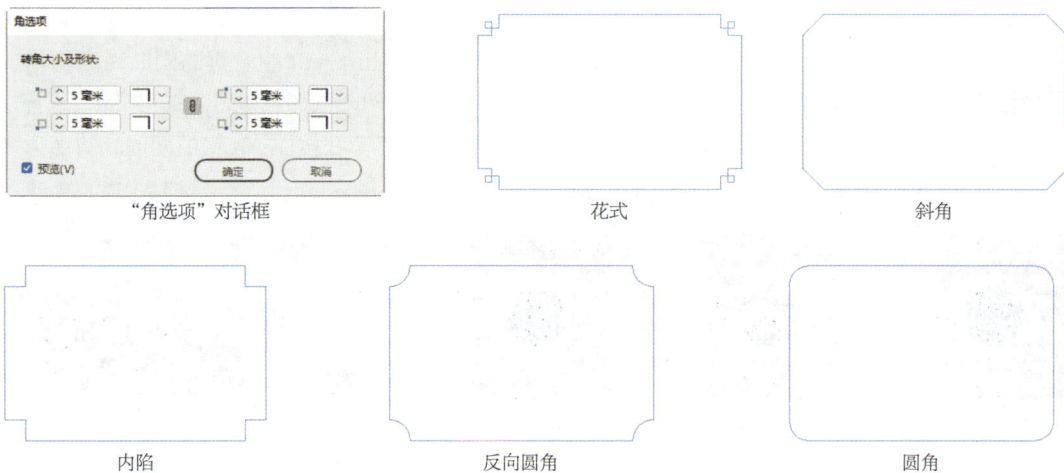

"角选项"对话框   花式   斜角

内陷   反向圆角   圆角

图 2-52

◎ 使用鼠标直接拖曳的方法制作矩形角的变形

选择"选择"工具 ▶，选取绘制好的矩形，如图 2-53 所示。在矩形的黄色点上单击，如图 2-54 所示，上、下、左、右 4 个点处于可编辑状态，如图 2-55 所示。向内拖曳其中任意一个点，如图 2-56 所示，可对矩形角进行变形。松开鼠标，效果如图 2-57 所示。在按住 Alt 键的同时，单击任意一个黄色点，可在 5 种角中交替变形，如图 2-58 所示。在按住 Alt+Shift 组合键的同时，单击其中的一个黄色点，可使选取的点在 5 种角中交替变形，如图 2-59 所示。

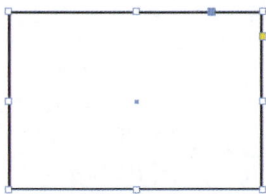

图 2-53   图 2-54   图 2-55

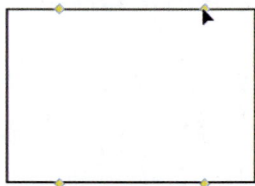
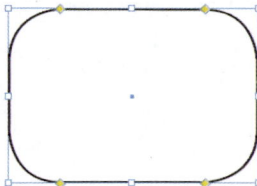
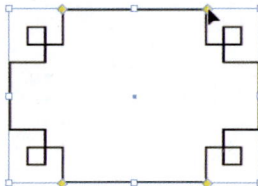
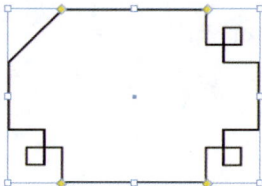

图 2-56   图 2-57   图 2-58   图 2-59

2. 椭圆形和圆形

◎ 使用鼠标直接拖曳的方法绘制椭圆形

选择"椭圆"工具 ◯，鼠标指针会变成 ┤ 形状，按住鼠标左键不放，拖曳鼠标指针到合适的位置，如图 2-60 所示，松开鼠标，绘制出一个椭圆形，如图 2-61 所示。指针的起点与终点决定了椭圆形的大小和形状。在按住 Shift 键的同时，再进行绘制，可以绘制出一个圆形，如图 2-62 所示。

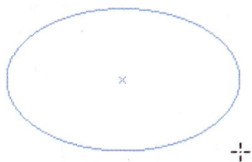
图 2-60

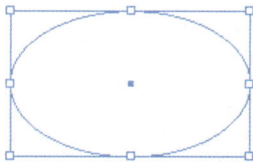
图 2-61

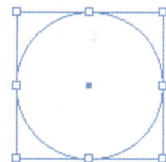
图 2-62

按住 Alt+Shift 组合键的同时，将在绘图页面中以当前点为中心绘制圆形。

◎ 使用对话框精确绘制椭圆形

选择"椭圆"工具 ⬭，在页面中单击，弹出"椭圆"对话框，在对话框中可以设定所要绘制椭圆形的宽度和高度。

设置需要的数值，如图 2-63 所示，单击"确定"按钮，在页面单击处出现需要的椭圆形，如图 2-64 所示。

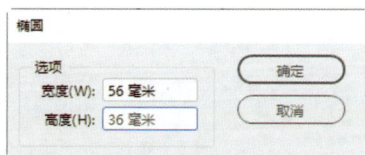
图 2-63

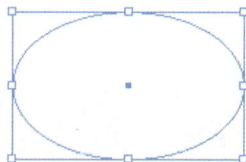
图 2-64

椭圆形和圆形可以应用角效果，但是不会有任何变化，因其没有拐点。

3. 多边形

◎ 使用鼠标直接拖曳的方法绘制多边形

选择"多边形"工具 ⬭，鼠标指针会变成 ⊹ 形状。按住鼠标左键不放，拖曳鼠标指针到适当的位置，如图 2-65 所示。松开鼠标，绘制出一个多边形，如图 2-66 所示。指针的起点与终点决定了多边形的大小和形状。软件默认的边数值为 6。在按住 Shift 键的同时再进行绘制，可以绘制出一个正多边形，如图 2-67 所示。

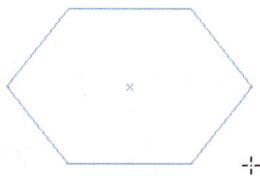
图 2-65

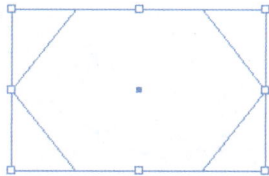
图 2-66

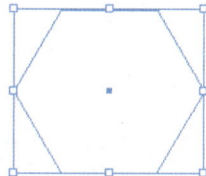
图 2-67

在按住 Alt+Shift 组合键的同时进行绘制，将在绘图页面中以当前点为中心绘制正多边形。

◎ 使用对话框精确绘制多边形

双击"多边形"工具 ⬭，弹出"多边形设置"对话框。在"边数"选项中，可以通过改变数值框中的数值或单击微调按钮来设置多边形的边数。设置需要的数值，如图 2-68 所示。单击"确定"按钮，在页面中拖曳鼠标指针，绘制出需要的多边形，如图 2-69 所示。

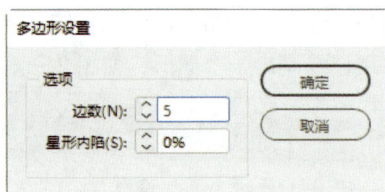

图 2-68

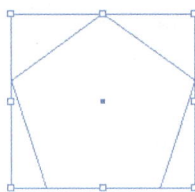

图 2-69

　　选择"多边形"工具 ，在页面中单击，弹出"多边形"对话框。在对话框中可以设置所要绘制的多边形的宽度、高度和边数。设置需要的数值，如图 2-70 所示。单击"确定"按钮，在页面单击处出现需要的多边形，如图 2-71 所示。

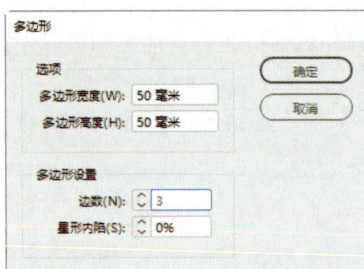

图 2-70

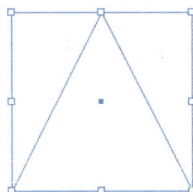

图 2-71

　　◎ 使用"角选项"命令制作多边形角的变形

　　选择"选择"工具，选取绘制好的多边形。选择"对象 > 角选项"命令，弹出"角选项"对话框。在"形状"选项中分别选取需要的角效果，单击"确定"按钮，效果如图 2-72 所示。

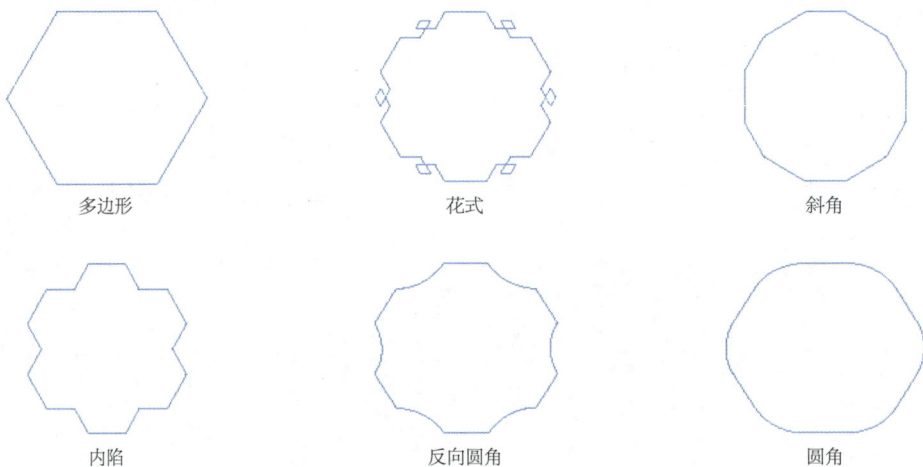

多边形　　　　　　　　花式　　　　　　　　斜角

内陷　　　　　　　　反向圆角　　　　　　　圆角

图 2-72

4. 星形

　　◎ 使用"多边形"工具绘制星形

　　双击"多边形"工具，弹出"多边形设置"对话框。在"边数"选项中，可以通过改变数值框中的数值或单击微调按钮来设置多边形的边数；在"星形内陷"选项中，可以通过改变数值框中的数值或单击微调按钮来设置多边形尖角的锐化程度。

设置需要的数值，如图 2-73 所示。单击"确定"按钮，在页面中拖曳鼠标指针，绘制出需要的五角形，如图 2-74 所示。

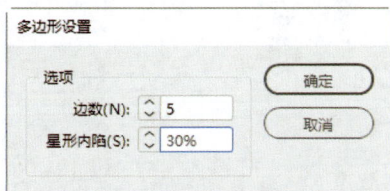

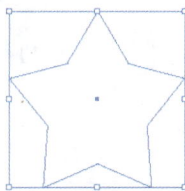

图 2-73   图 2-74

选择"多边形"工具 ⬡ ，在页面中单击，弹出"多边形"对话框。在对话框中可以设置所要绘制星形的宽度、高度、边数和星形内陷。

设置需要的数值，如图 2-75 所示。单击"确定"按钮，在页面单击处出现需要的八角形，如图 2-76 所示。

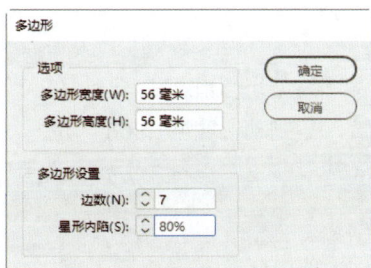

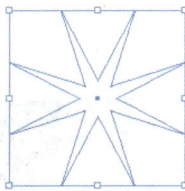

图 2-75   图 2-76

◎ 使用"角选项"命令制作星形角的变形

选择"选择"工具 ▶ ，选取绘制好的星形，选择"对象 > 角选项"命令，弹出"角选项"对话框。在"效果"选项中分别选取需要的角效果，单击"确定"按钮，效果如图 2-77 所示。

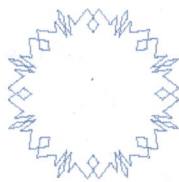

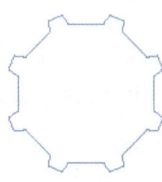

原图   花式   斜角

内陷   反向圆角   圆角

图 2-77

2.1.5 【实战演练】绘制建筑图标

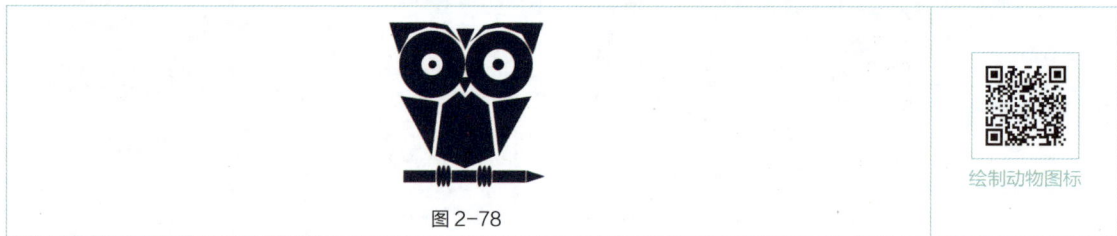

2.1.5实战演练　　　　　　绘制建筑图标

2.2 **绘制动物图标**

2.2.1 【案例分析】

本案例是为某咖啡店绘制形象 Logo，该 Logo 是以猫头鹰形象为主体。要求绘制的图标形象生动，特色鲜明。

2.2.2 【设计理念】

选择紫色作为主色调，使用简单的图形拼贴猫头鹰外形，营造出咖啡店典雅又别具特色的氛围。最终效果如图 2-78 所示（参看素材中的"Ch02 > 效果 > 绘制动物图标 .indd"）。

图 2-78

绘制动物图标

2.2.3 【操作步骤】

（1）打开 InDesign CC 2019，选择"文件 > 新建 > 文档"命令，弹出"新建文档"对话框，设置如图 2-79 所示。单击"边距和分栏"按钮，弹出"新建边距和分栏"对话框，设置如图 2-80 所示，单击"确定"按钮，新建一个页面。选择"视图 > 其他 > 隐藏框架边缘"命令，将所绘制图形的框架边缘隐藏。

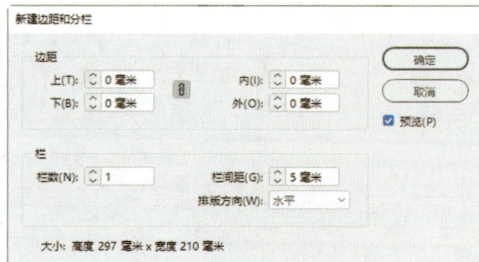

图 2-79　　　　　　　　　　　　　　　　　　　　图 2-80

（2）双击"多边形"工具 ，弹出"多边形设置"对话框，选项的设置如图 2-81 所示，单击"确定"按钮。在按住 Shift 键的同时，在页面中拖曳鼠标指针绘制多边形，如图 2-82 所示。设置填充色的 CMYK 值为 100、100、68、24，填充图形，并设置描边色为无，效果如图 2-83 所示。

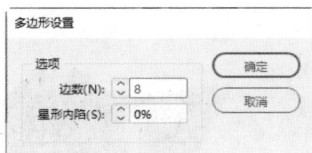

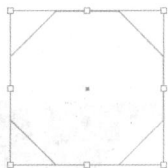

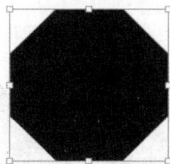

图 2-81   图 2-82   图 2-83

（3）在"控制"面板中将"旋转角度"下拉列表 设置为 22.5°，按 Enter 键，旋转图形，效果如图 2-84 所示。

（4）选择"删除锚点"工具 ，将鼠标指针放置在不需要的锚点上，如图 2-85 所示。单击鼠标左键删除锚点，如图 2-86 所示。用相同的方法删除右侧的锚点，效果如图 2-87 所示。

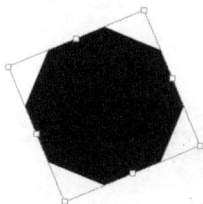

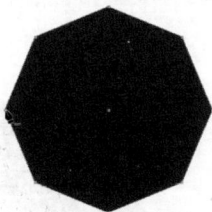

图 2-84   图 2-85   图 2-86   图 2-87

（5）选择"添加锚点"工具 ，将鼠标指针放置在需要添加锚点的路径上，如图 2-88 所示，单击鼠标左键添加锚点。用相同的方法在右侧相对应的位置添加锚点，如图 2-89 所示。选择"直接选择"工具 ，将鼠标指针放置在需要移动的锚点上，如图 2-90 所示。移动鼠标向下拖曳锚点，如图 2-91 所示。

图 2-88   图 2-89   图 2-90   图 2-91

（6）选中需要移动的锚点，如图 2-92 所示。移动鼠标向右拖曳锚点，效果如图 2-93 所示。用相同的方法移动右侧的锚点，效果如图 2-94 所示。

图 2-92   图 2-93   图 2-94

（7）选择"矩形"工具□，在适当的位置拖曳鼠标指针绘制矩形。设置填充色的 CMYK 值为 100、100、68、24，填充图形，并设置描边色为无，效果如图 2-95 所示。

（8）选择"删除锚点"工具✎，将鼠标指针放置在不需要的锚点上删除锚点，如图 2-96 所示。选择"选择"工具▶，在"控制"面板中将"旋转角度"下拉列表△‡0°▾设置为 –7.5°，按 Enter 键，旋转图形，并将其拖曳到适当的位置，效果如图 2-97 所示。

图 2-95　　　　　　　　　　图 2-96　　　　　　　　　　图 2-97

（9）按住 Shift+Alt 组合键的同时，水平向右拖曳三角形到适当的位置，复制图形，如图 2-98 所示。在页面中单击鼠标右键，在弹出的快捷菜单中选择"变换 > 水平翻转"命令，将图形水平翻转并移动到适当的位置，效果如图 2-99 所示。

图 2-98　　　　　　　　　　　　　　　图 2-99

（10）双击"多边形"工具◯，弹出"多边形设置"对话框，选项的设置如图 2-100 所示，单击"确定"按钮。在按住 Shift 键的同时，在页面中拖曳鼠标指针绘制三角形。设置填充色的 CMYK 值为 100、100、68、24，填充图形，并设置描边色为无，效果如图 2-101 所示。

（11）选择"选择"工具▶，在"控制"面板中将"旋转角度"下拉列表△‡0°▾设置为 180°，按 Enter 键，旋转图形，并将其拖曳到适当的位置，效果如图 2-102 所示。

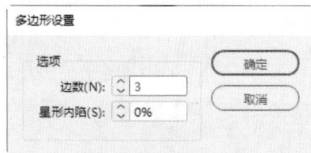

图 2-100　　　　　　　　　图 2-101　　　　　　　　　图 2-102

（12）选择"椭圆"工具◯，在按住 Shift 键的同时，在适当的位置绘制圆形。设置填充色的 CMYK 值为 100、100、68、24，填充图形，并设置描边色为无，效果如图 2-103 所示。在按住 Shift+Alt 组合键的同时，以圆形的中心点为中心绘制圆形。填充图形为白色，并设置描边色为无，效果如图 2-104 所示。

（13）在按住 Shift+Alt 组合键的同时，以圆形的中心点为中心绘制圆形。设置填充色的 CMYK 值为 100、100、68、24，填充图形，并设置描边色为无，效果如图 2-105 所示。

（14）双击"多边形"工具 ◎，在页面中拖曳鼠标指针绘制三角形，设置填充色的 CMYK 值为 100、100、68、24，填充图形，并设置描边色为无，如图 2-106 所示。

图 2-103　　　　　　　图 2-104　　　　　　　图 2-105　　　　　　　图 2-106

（15）选择"选择"工具 ▶，在"控制"面板中将"旋转角度"下拉列表 ▲ ↕ 0° ˅ 设置为 180°，按 Enter 键，旋转图形，并将其拖曳到适当的位置，效果如图 2-107 所示。

（16）双击"多边形"工具 ◎，弹出"多边形设置"对话框，选项的设置如图 2-108 所示，单击"确定"按钮，在页面中拖曳鼠标指针绘制多边形。填充图形为黑色，并设置描边色为无，如图 2-109 所示。

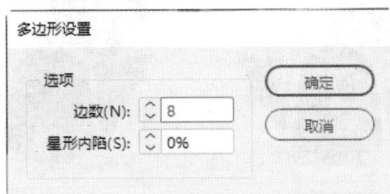

图 2-107　　　　　　　图 2-108　　　　　　　图 2-109

（17）选择"选择"工具 ▶，在"控制"面板中将"旋转角度"下拉列表 ▲ ↕ 0° ˅ 设置为 −24.5°，按 Enter 键，旋转图形，并将其拖曳到适当的位置，效果如图 2-110 所示。选取需要的图形，如图 2-111 所示。

（18）选择"窗口 > 对象和版面 > 路径查找器"命令，弹出"路径查找器"面板，单击"减去"按钮 ▣，效果如图 2-112 所示。选择"矩形"工具 ▢，在适当的位置拖曳鼠标指针绘制矩形，填充图形为黑色，并设置描边色为无，如图 2-113 所示。

图 2-110　　　　　　　图 2-111　　　　　　　图 2-112　　　　　　　图 2-113

（19）选择"选择"工具▶，在按住 Shift 键的同时，选取需要的图形，如图 2-114 所示。在"路径查找器"面板上单击"减去"按钮，效果如图 2-115 所示。

（20）选择"添加锚点"工具，将鼠标指针放置在需要添加锚点的路径上，如图 2-116 所示，单击鼠标左键添加锚点。用相同的方法再次单击添加锚点，如图 2-117 所示。

图 2-114 图 2-115 图 2-116 图 2-117

（21）选择"直接选择"工具，选择需要的锚点，如图 2-118 所示。向下拖曳锚点到适当的位置，效果如图 2-119 所示。

（22）选择需要的锚点，并将其向上移动到适当的位置，如图 2-120 所示。用相同的方法移动其他需要的锚点，如图 2-121 所示。

图 2-118 图 2-119 图 2-120 图 2-121

（23）选择"选择"工具▶，将图形移动到适当的位置，效果如图 2-122 所示。用圈选的方法选取需要的图形，如图 2-123 所示。按 Ctrl+C 组合键，复制图形，选择"编辑 > 原位粘贴"命令，原位粘贴图形。在页面中单击鼠标右键，在弹出的快捷菜单中选择"变换 > 水平翻转"命令，将复制后的图形水平翻转并移动到适当的位置，效果如图 2-124 所示。

图 2-122 图 2-123 图 2-124

（24）选取需要的图形，如图 2-125 所示。在按住 Shift+Alt 组合键的同时，向外拖曳控制手柄，调整图形的大小，如图 2-126 所示。

图 2-125 　　　　　　　　　　　图 2-126

（25）双击"多边形"工具 ，弹出"多边形设置"对话框，选项的设置如图 2-127 所示，单击"确定"按钮。在页面中拖曳鼠标指针绘制三角形，设置填充色的 CMYK 值为 100、100、68、24，填充图形，并设置描边色为无，如图 2-128 所示。

（26）选择"选择"工具 ，在"控制"面板中将"旋转角度"下拉列表 设置为 180°，按 Enter 键，旋转图形，效果如图 2-129 所示。选择"椭圆"工具 ，在适当的位置拖曳鼠指针标绘制椭圆，设置填充色的 CMYK 值为 100、100、68、24，填充图形，并设置描边色为无，效果如图 2-130 所示。

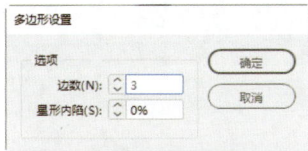

图 2-127 　　　　　　图 2-128 　　　　　　图 2-129 　　　　　　图 2-130

（27）选择"选择"工具 ，选取需要的图形，如图 2-131 所示。在按住 Shift+Alt 组合键的同时，水平向右拖曳椭圆形到适当的位置，复制图形，如图 2-132 所示。按 Ctrl+Alt+4 组合键，按需要再复制出一个椭圆形，效果如图 2-133 所示。

图 2-131 　　　　　　　　图 2-132 　　　　　　　　图 2-133

（28）用圈选的方法选取需要的图形，如图 2-134 所示。在按住 Shift+Alt 组合键的同时，水平向右拖曳图形到适当的位置，复制图形，如图 2-135 所示。

（29）选择"矩形"工具 ，在适当的位置拖曳鼠标指针绘制矩形。设置填充色的 CMYK 值为 100、100、68、24，填充图形，并设置描边色为无，如图 2-136 所示。用相同的方法绘制其他矩形，如图 2-137 所示。

　　　　图 2-134　　　　　　　　　　
　　　　　　　　　　　　图 2-135　　　　　　　　　
　　　　　　　　　　　　　　　　　　图 2-136　　　　　　　　
　　　　　　　　　　　　　　　　　　　　　　　　图 2-137

　　（30）双击"多边形"工具，在页面中拖曳鼠标指针绘制三角形。设置填充色的 CMYK 值为 100、100、68、24，填充图形，并设置描边色为无，效果如图 2-138 所示。

　　（31）在"控制"面板中将"旋转角度"下拉列表设置为 -90°，按 Enter 键，旋转图形，将其拖曳到适当的位置并调整其大小，效果如图 2-139 所示。动物图标绘制完成，如图 2-140 所示。

图 2-138

图 2-139

图 2-140

2.2.4　【相关知识】

1. 选取对象和取消选取

　　在 InDesign CC 2019 中，当对象呈选取状态时，在对象的周围会出现限位框（又称为外框）。限位框是代表对象水平和垂直尺寸的矩形框。对象的选取状态如图 2-141 所示。

　　当同时选取多个图形对象时，对象保留各自的限位框，选取状态如图 2-142 所示。

图 2-141

图 2-142

　　要取消对象的选取状态，只要在页面中的空白位置单击即可。

　　◎ 使用"选择"工具选取对象

　　选择"选择"工具，在要选取的图形对象上单击，即可选取该对象。如果该对象是未填充的路径，则单击其边缘即可选取该对象。

　　要选取多个图形对象时，在按住 Shift 键的同时，依次单击各对象，如图 2-143 所示。

　　选择"选择"工具，在页面中要选取的图形对象外围拖曳鼠标指针，出现图 2-144 所示的虚线框，虚线框接触到的对象都将被选取，如图 2-145 所示。

图 2-143　　　　　　　　　图 2-144　　　　　　　　　图 2-145

　　选择"选择"工具 ▶，将鼠标指针置于图片上，当指针显示为 ▶ 时，如图 2-146 所示，单击图片可选取对象，如图 2-147 所示。在空白处单击，可取消选取状态，如图 2-148 所示。

图 2-146　　　　　　　　　图 2-147　　　　　　　　　图 2-148

　　将鼠标指针移动到接近图片中心的位置时，指针显示为 ✋ 图标，如图 2-149 所示，单击可选取限位框内的图片，如图 2-150 所示。按 Esc 键，可切换到选取对象状态，如图 2-151 所示。

图 2-149　　　　　　　　　图 2-150　　　　　　　　　图 2-151

◎ 使用"直接选择"工具选取对象

　　选择"直接选择"工具 ▷，拖曳鼠标指针圈选图形对象，如图 2-152 所示。对象被选取，但被选取的对象不显示限位框，只显示锚点，如图 2-153 所示。

图 2-152　　　　　　　　　　　　　　　图 2-153

选择"直接选择"工具 ▷，在图形对象的某个锚点上单击，该锚点被选取，如图 2-154 所示。按住鼠标左键拖曳选取的锚点到适当的位置，如图 2-155 所示。松开鼠标，改变对象的形状，如图 2-156 所示。

在按住 Shift 键的同时，单击需要的锚点，可选取多个锚点。

图 2-154   图 2-155   图 2-156

选择"直接选择"工具 ▷，在图形对象内单击，选取状态如图 2-157 所示。在中心点再次单击，选取整个图形，如图 2-158 所示。按住鼠标左键将其拖曳到适当的位置，如图 2-159 所示，松开鼠标，移动对象。

图 2-157   图 2-158   图 2-159

选择"直接选择"工具 ▷，单击图片的限位框，如图 2-160 所示。再单击中心点，如图 2-161 所示。按住鼠标左键将其拖曳到适当的位置，如图 2-162 所示。松开鼠标，则只移动限位框，框内的图片没有移动，效果如图 2-163 所示。

图 2-160   图 2-161   图 2-162   图 2-163

当鼠标指针置于图片之上时，"直接选择"工具 ▷ 会自动变为"抓手"工具图标 🖑，如图 2-164 所示。在图形上单击，可选取限位框内的图片，如图 2-165 所示。按住鼠标左键拖曳图片到适当的位置，如图 2-166 所示。松开鼠标，则只移动图片，限位框没有移动，效果如图 2-167 所示。

◎ 使用控制面板选取对象

单击"控制"面板中的"选择上一对象"按钮 或"选择下一对象"按钮 ，可选取当前对象的上一个对象或下一个对象；单击"选择内容"按钮 🖑，可选取限位框中的图片；单击"选择容器"按钮 🖼，可以选取限位框。

图 2-164

图 2-165

图 2-166

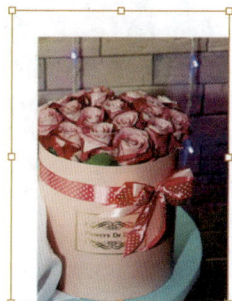
图 2-167

2. 缩放对象

◎ 使用工具箱中的工具缩放对象

选择"选择"工具 ▶，选取要缩放的对象，对象的周围出现限位框，如图 2-168 所示。选择"自由变换"工具 ▦，拖曳对象右上角的控制手柄，如图 2-169 所示。松开鼠标，对象的缩放效果如图 2-170 所示。

图 2-168

图 2-169

图 2-170

选取要缩放的对象，选择"缩放"工具 ▦，对象的中心会出现缩放对象的中心控制点。单击并拖曳中心控制点到适当的位置，如图 2-171 所示，再拖曳对角线上的控制手柄到适当的位置，如图 2-172 所示。松开鼠标，对象的缩放效果如图 2-173 所示。

图 2-171

图 2-172

图 2-173

◎ 使用"控制"面板缩放对象

选择"直接选择"工具 ▷，选取要缩放的对象，如图 2-174 所示，"控制"面板如图 2-175 所示。在"控制"面板中，若单击"约束宽度和高度的比例"按钮 🔗，可以按比例缩放对象的限位框。其他选项的设置与"变换"面板中的相同，这里不再赘述。

设置需要的数值，如图 2-176 所示，按 Enter 键确定操作，效果如图 2-177 所示。

图 2-174

图 2-175

图 2-176

图 2-177

> **提示**
>
> 拖曳对角线上的控制手柄时，按住 Shift 键，对象会按比例缩放；按住 Shift+Alt 组合键，对象会按比例从对象中心缩放。

3. 旋转对象

◎ 使用工具箱中的工具旋转对象

选取要旋转的对象，如图 2-178 所示。选择"自由变换"工具 ，对象的四周出现限位框，将鼠标指针放在限位框的外围，鼠标指针变为旋转符号 ，按住鼠标左键不放拖曳对象，如图 2-179 所示。将对象旋转到需要的角度后松开鼠标，对象的旋转效果如图 2-180 所示。

图 2-178

图 2-179

图 2-180

选取要旋转的对象，如图 2-181 所示。选择"旋转"工具 ，对象的中心点出现旋转中心图标 ，如图 2-182 所示。将鼠标指针移动到旋转中心上，按住鼠标左键不放拖曳旋转中心到需要的位置，如图 2-183 所示。在所选对象外围拖曳鼠标旋转对象，效果如图 2-184 所示。

◎ 使用控制面板旋转对象

选择"选择"工具 ，选取要旋转的对象，在"控制"面板的"旋转角度"下拉列表 中设置对象需要旋转的角度，按 Enter 键确认操作。

单击"顺时针旋转 90°"按钮 ，可将对象顺时针旋转 90°；单击"逆时针旋转 90°"按

钮 🔄 ，可将对象逆时针旋转 90° 。

图 2-181

图 2-182

图 2-183

图 2-184

◎ 使用菜单命令旋转对象

选择"选择"工具 ▶ ，选取要旋转的对象，如图 2-185 所示。选择"对象 > 变换 > 旋转"命令或双击"旋转"工具 🔄 ，弹出"旋转"对话框，设置需要的数值，如图 2-186 所示。单击"确定"按钮，效果如图 2-187 所示。

图 2-185

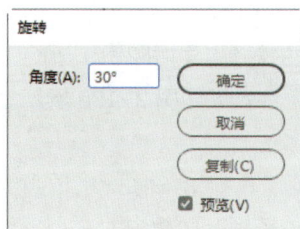
图 2-186

图 2-187

"角度"文本框：用于输入对象旋转的角度。旋转角度可以是正值也可以是负值，对象将按指定的角度旋转。

4. 倾斜变形对象

◎ 使用工具箱中的工具倾斜变形对象

选取要倾斜变形的对象，如图 2-188 所示。选择"切变"工具 ，拖曳变形对象，如图 2-189 所示。将对象倾斜到需要的角度后松开鼠标，倾斜变形效果如图 2-190 所示。

图 2-188

图 2-189

图 2-190

◎ 使用控制面板倾斜变形对象

选择"选择"工具 ▶ ，选取要倾斜的对象，在"控制"面板的"X 切变角度"下拉列表
 ◢ ⌄ 0° ⌄ 中设置对象需要倾斜的角度，按 Enter 键确定操作，对象按指定的角度倾斜。

◎ 使用菜单命令倾斜变形对象

选取要倾斜变形的对象，如图 2-191 所示。选择"对象 > 变换 > 切变"命令，弹出"切变"对话框，如图 2-192 所示。在"切变角度"文本框中可以设置对象切变的角度。在"轴"选项组中，选择"水平"单选项，对象可以水平倾斜；选择"垂直"单选项，对象可以垂直倾斜。"复制"按钮用于在原对象上复制多个倾斜的对象。

设置需要的数值，如图 2-193 所示，单击"确定"按钮，效果如图 2-194 所示。

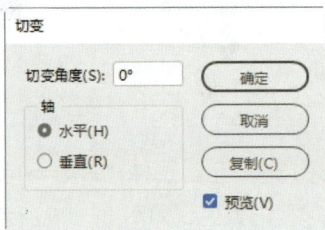
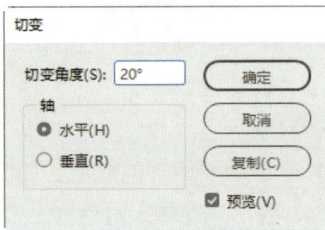
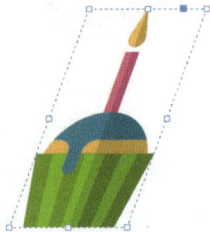

图 2-191　　　　　　图 2-192　　　　　　　　图 2-193　　　　　　图 2-194

5. 镜像对象

◎ 使用"控制"面板镜像对象

选择"选择"工具 ▶，选取要镜像的对象，如图 2-195 所示。单击"控制"面板中的"水平翻转"按钮 ▶◀，可使对象沿水平方向翻转镜像，效果如图 2-196 所示。单击"垂直翻转"按钮 ⬍，可使对象沿垂直方向翻转镜像。

选取要镜像的对象，选择"缩放"工具 ⬚，在图片上适当的位置单击，将镜像中心控制点置于适当的位置，如图 2-197 所示。单击"控制"面板中的"水平翻转"按钮 ▶◀，可使对象以中心控制点为中心水平翻转镜像，效果如图 2-198 所示。单击"垂直翻转"按钮 ⬍，可使对象以中心控制点为中心垂直翻转镜像。

图 2-195　　　　　　图 2-196　　　　　　　　图 2-197　　　　　　图 2-198

◎ 使用菜单命令镜像对象

选择"选择"工具 ▶，选取要镜像的对象。选择"对象 > 变换 > 水平翻转"命令，可使对象水平翻转；选择"对象 > 变换 > 垂直翻转"命令，可使对象垂直翻转。

> **提示**
>
> 在镜像对象的过程中，只能使对象本身产生镜像。想要在镜像的位置生成一个对象的复制品，必须先在原位复制一个对象。

6．对齐对象

在"对齐"面板中的"对齐对象"选项组中，包括 6 个对齐命令按钮："左对齐"按钮、"水平居中对齐"按钮、"右对齐"按钮、"顶对齐"按钮、"垂直居中对齐"按钮和"底对齐"按钮。

选取要对齐的对象，如图 2-199 所示。选择"窗口 > 对象和版面 > 对齐"命令，或按 Shift+F7 组合键，弹出"对齐"面板，如图 2-200 所示。单击需要的对齐按钮，对齐效果如图 2-201 所示。

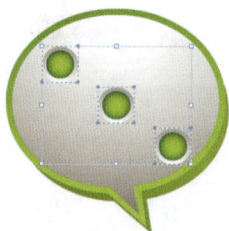

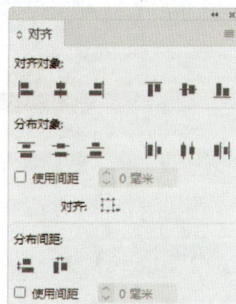

图 2-199   图 2-200

左对齐   水平居中对齐   右对齐

顶对齐   垂直居中对齐   底对齐

图 2-201

7．分布对象

在"对齐"面板中的"分布对象"选项组中，包括 6 个分布命令按钮："按顶分布"按钮、"垂直居中分布"按钮、"按底分布"按钮、"按左分布"按钮、"水平居中分布"按钮和"按右分布"按钮。在"分布间距"选项组中，包括 2 个分布间距命令按钮："垂直分布间距"按钮和"水平分布间距"按钮。单击需要的分布命令按钮，分布效果如图 2-202 所示。

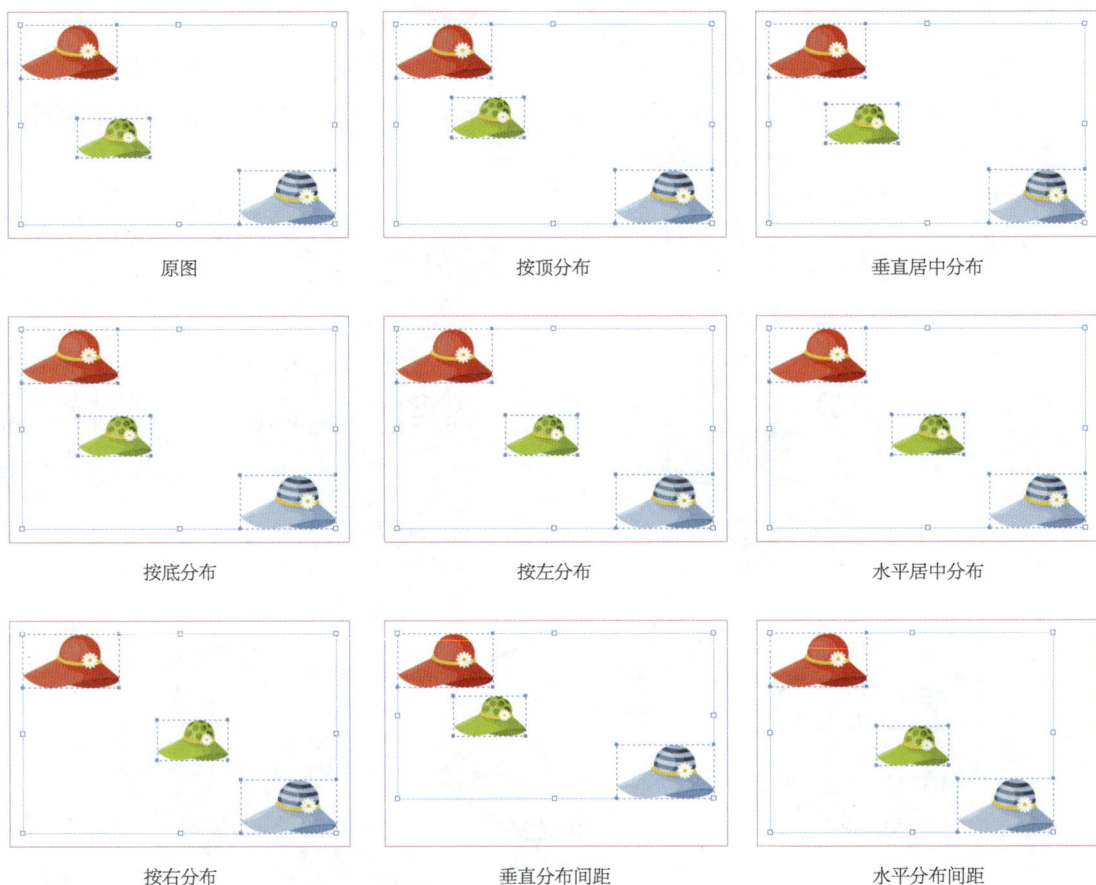

原图	按顶分布	垂直居中分布
按底分布	按左分布	水平居中分布
按右分布	垂直分布间距	水平分布间距

图 2-202

勾选"使用间距"复选框，在数值框中设置距离数值，所有被选取的对象将以所需要的分布方式按设置的数值等距离分布。

8. 对齐基准

在"对齐"面板中的"对齐"基准下拉列表中包括 5 个对齐命令：对齐选区、对齐关键对象、对齐边距、对齐页面和对齐跨页。选择需要的对齐基准，以"按顶分布"为例，对齐效果如图 2-203 所示。

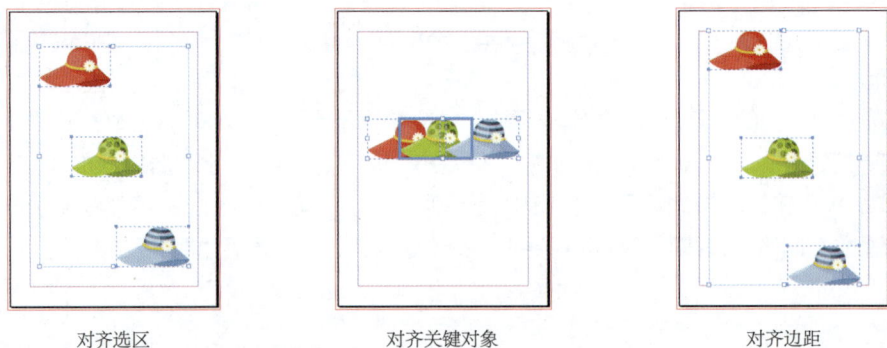

对齐选区	对齐关键对象	对齐边距

图 2-203

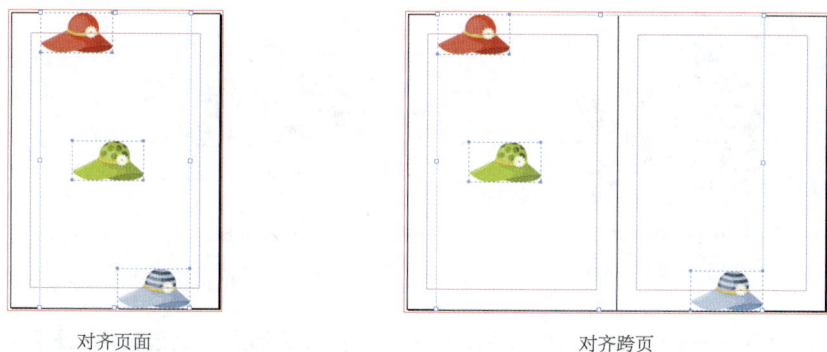

对齐页面　　　　　　　　　　　　　对齐跨页

图 2-203（续）

9. 对象的排序

图形对象之间存在着堆叠的关系，后绘制的图像一般显示在先绘制的图像之上。在实际操作中，可以根据需要改变图像之间的堆叠顺序。

选取要移动的图像，选择"对象 > 排列"命令，其子菜单包括 4 个命令："置于顶层""前移一层""后移一层"和"置为底层"，使用这些命令可以改变图形对象的排序，效果如图 2-204 所示。

原图　　　　　　　　　　　置于顶层　　　　　　　　　　　前移一层

后移一层　　　　　　　　　　　置为底层

图 2-204

10. 编组

◎ 创建编组

选取要编组的对象，如图 2-205 所示。选择"对象 > 编组"命令，或按 Ctrl+G 组合键，将选取的对象编组，如图 2-206 所示。编组后，选择其中的任何一个图像，其他的图像也会同时被选取。

将多个对象组合后，其外观并没有变化，当对任何一个对象进行编辑时，其他对象也随之产生相应的变化。

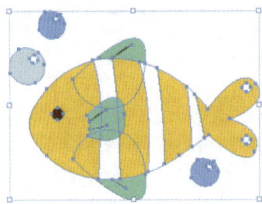

图 2-205

图 2-206

> **提示** 组合不同图层上的对象，组合后所有的对象将自动移动到最上边对象的图层中，并形成组合。

使用"编组"命令还可以将几个不同的组合进行进一步组合，或在组合与对象之间进行进一步组合。在几个组之间进行组合时，原来的组合并没有消失，它与新得到的组合是嵌套的关系。

◎ 取消编组

选取要取消编组的对象，如图 2-207 所示。选择"对象 > 取消编组"命令，或按 Shift+Ctrl+G 组合键，取消对象的编组。取消编组后的图像，可通过单击鼠标左键选取任意一个图形对象，如图 2-208 所示。

图 2-207

图 2-208

使用一次"取消编组"命令只能取消一层组合。例如，两个组合在使用"编组"命令后得到一个新的组合，使用"取消编组"命令取消这个新组合后，将得到两个原始的组合。

11．锁定对象位置

使用"锁定"命令可锁定文档中不希望移动的对象。只要对象是锁定的，它便不能移动，但仍然可以选取该对象，并更改其他的属性（如颜色、描边等）。当文档被保存、关闭或重新打开时，锁定的对象会保持锁定。

选取要锁定的图形，如图 2-209 所示。选择"对象 > 锁定"命令，或按 Ctrl+L 组合键，将图形的位置锁定。锁定后，当移动图形时，则其他图形移动，该对象保持不动，如图 2-210 所示。

图 2-209

图 2-210

2.2.5 【实战演练】绘制卡通表情

2.2.5实战演练

绘制卡通表情

2.3 综合演练——绘制卡通头像

2.3综合演练

绘制卡通头像

03

第3章
路径的绘制与编辑

本章主要介绍 InDesign CC 2019 中与路径相关的知识，讲解如何运用各种方法绘制和编辑路径。通过本章的学习，读者可以掌握如何运用 InDesign CC 2019 的绘制与编辑路径工具绘制出需要的自由曲线和创意图形。

知识目标

- ✓ 熟练掌握绘制和编辑路径的技巧
- ✓ 掌握各种路径工具的使用
- ✓ 熟练掌握复合形状的制作方法

能力目标

- ✳ 掌握时尚插画的绘制方法
- ✳ 掌握信纸的绘制方法
- ✳ 掌握橄榄球标志的绘制方法
- ✳ 掌握创意图形的绘制方法
- ✳ 掌握海滨插画的绘制方法

素质目标

- ○ 培养不断学习新技能的习惯
- ○ 培养能够正确表达自己观点的能力
- ○ 培养项目分析和流程把控能力

3.1 绘制时尚插画

3.1.1 【案例分析】

本案例是绘制时尚插画。插画设计，在现代设计领域中具有独特的地位，它与绘画艺术有着亲近的血缘关系。现代插画设计，无论是在造型设计还是在色彩搭配方面都有了长足的发展，更具艺术魅力，也更具表现力。

3.1.2 【设计理念】

使用纯色背景，突出时尚插画的主体；绘制时使用同色系进行填充，使画面和谐、时尚，最终效果如图 3-1 所示（参看素材中的"Ch03 > 效果 > 绘制时尚插画 .indd"）。

图 3-1

绘制时尚插画

3.1.3 【操作步骤】

（1）打开 InDesign CC 2019，选择"文件 > 新建 > 文档"命令，弹出"新建文档"对话框，设置如图 3-2 所示。单击"边距和分栏"按钮，弹出"新建边距和分栏"对话框，设置如图 3-3 所示，单击"确定"按钮，新建一个页面。选择"视图 > 其他 > 隐藏框架边缘"命令，将所绘制图形的框架边缘隐藏。

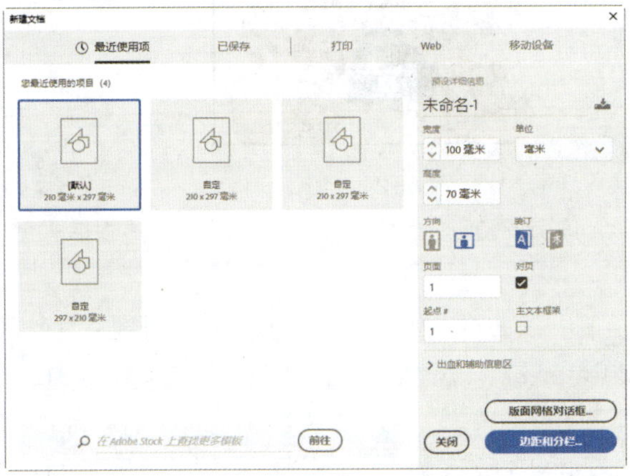

图 3-2

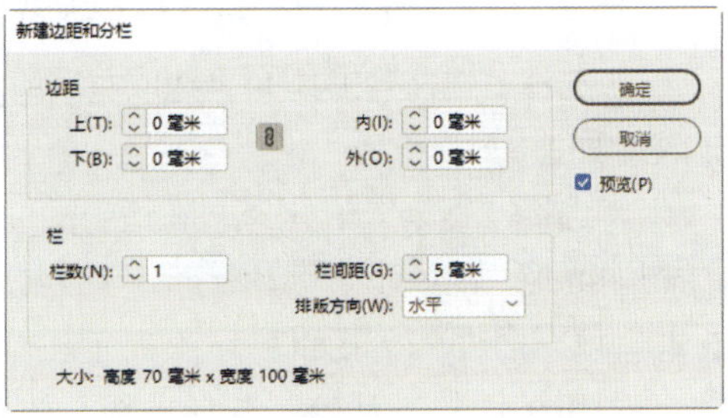

图 3-3

（2）选择"钢笔"工具 ✐，在适当的位置分别绘制闭合路径，如图 3-4 所示。选择"选择"工具 ▶，在按住 Shift 键的同时，选取需要的图形，设置图形填充色的 CMYK 值为 0、80、40、0，填充图形，并设置描边色为无，效果如图 3-5 所示。

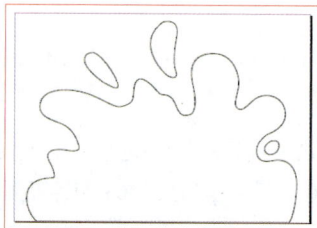

图 3-4

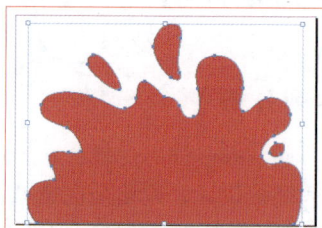

图 3-5

（3）选择"钢笔"工具 ✐，在适当的位置绘制一个闭合路径。填充图形为白色，并设置描边色为无，效果如图 3-6 所示。

（4）选择"椭圆"工具 ◯，在适当的位置拖曳鼠标指针绘制一个椭圆形。填充图形为白色，并设置描边色为无，效果如图 3-7 所示。

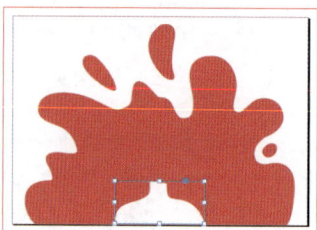

图 3-6

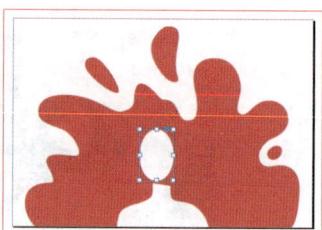

图 3-7

（5）选择"钢笔"工具 ✐，在适当的位置分别绘制闭合路径，如图 3-8 所示。选择"选择"工具 ▶，在按住 Shift 键的同时，选取需要的图形，设置图形填充色的 CMYK 值为 100、100、46、20，填充图形，并设置描边色为无，效果如图 3-9 所示。

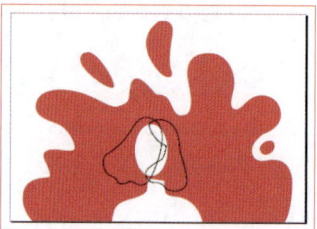

图 3-8

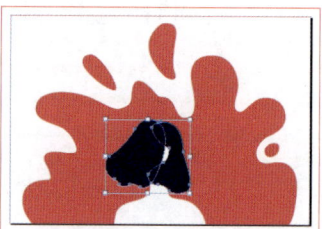

图 3-9

（6）选择"选择"工具 ▶，选取左侧的图形，连续按 Ctrl+[组合键，将图形向后移到适当的位置，效果如图 3-10 所示。

（7）选择"钢笔"工具 ✐，在适当的位置绘制一条曲线，如图 3-11 所示。在"控制"面板中将"描边粗细"下拉列表 ⟳ 0.283 毫 ∨ 设为 1 点，按 Enter 键。设置描边色的 CMYK 值为 100、100、46、20，填充描边，效果如图 3-12 所示。

（8）用相同的方法绘制其他曲线，效果如图 3-13 所示。按 Ctrl+O 组合键，打开素材中的"Ch03 > 素材 > 绘制时尚插画 > 01"文件，按 Ctrl+A 组合键，将其全选。按 Ctrl+C 组合键，复制选取的图形。返回到正在编辑的页面中，按 Ctrl+V 组合键，将其粘贴到页面中并拖曳到适当的位置，效果如图 3-14 所示。

（9）在页面空白处单击鼠标左键，取消图形的选取状态，时尚插画绘制完成，效果如图 3-15 所示。

图 3-10

图 3-11

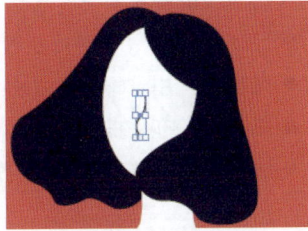

图 3-12

图 3-13

图 3-14

图 3-15

3.1.4 【相关知识】

1. 路径

◎ 路径的基本概念

路径分为开放路径、闭合路径和复合路径 3 种类型：开放路径的两个端点没有连接在一起，如图 3-16 所示；闭合路径没有起点和终点，它是一条连续的路径，如图 3-17 所示，可对其进行内部填充或描边填充；复合路径是将几个开放路径或闭合路径进行组合而形成的路径，如图 3-18 所示。

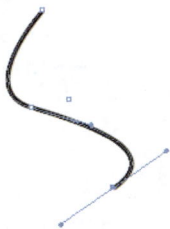

图 3-16

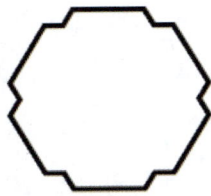

图 3-17

图 3-18

◎ 路径的组成

路径由锚点和线段组成，可以通过调整路径上的锚点或线段来改变路径的形状。在曲线路径上，每一个锚点有一条或两条控制线，在曲线中间的锚点有两条控制线，在曲线端点的锚点有一条控制线。控制线总是与曲线上锚点所在的圆相切，控制线呈现的角度和长度决定了曲线的形状。控制线的端点称为控制点，可以通过调整控制点来对整个曲线进行调整，如图 3-19 所示。与路径相关的常用术语含义如下。

- 锚点：由"钢笔"工具创建，是一条路径中两条线段的交点。路径是由锚点组成的。
- 直线锚点：单击刚建立的锚点，可以将锚点转换为带有一个独立调节手柄的直线锚点。直线锚点是一条直线段与一条曲线段的连接点。

● 曲线锚点：带有两个独立调节手柄的锚点。曲线锚点是两条曲线段之间的连接点，调节手柄可以改变曲线的弧度。

● 控制线和调节手柄：通过调节控制线和调节手柄，可以更精准地绘制出路径。

● 直线段：用"钢笔"工具在图像中单击两个不同的位置，将在两点之间创建一条直线段。

● 曲线段：拖动曲线锚点可以创建一条曲线段。

● 端点：路径的结束点就是路径的端点。

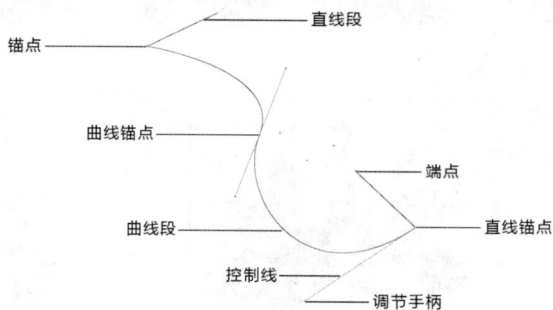

图 3-19

2. "直线"工具

选择"直线"工具 ✐，鼠标指针会变成 ╬ 形状，按住鼠标左键不放并拖曳鼠标指针到适当的位置可以绘制出一条任意角度的直线，如图 3-20 所示。松开鼠标，绘制出选取状态的直线，效果如图 3-21 所示。选择"选择"工具 ▶，在选中的直线外单击，取消选取状态，直线的效果如图 3-22 所示。

按住 Shift 键再进行绘制，可以绘制水平、垂直或 45°及 45°倍数的直线，如图 3-23 所示。

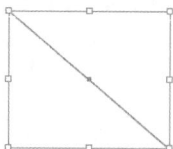

图 3-20 图 3-21 图 3-22 图 3-23

3. "铅笔"工具

◎ 使用"铅笔"工具绘制开放路径

选择"铅笔"工具 ✐，当鼠标指针显示为图标 ✐﹡时，在页面中拖曳鼠标指针绘制路径，如图 3-24 所示。松开鼠标，效果如图 3-25 所示。

图 3-24 图 3-25

◎ 使用"铅笔"工具绘制封闭路径

选择"铅笔"工具 ✐，按住鼠标左键不放，在页面中拖曳鼠标指针绘制路径。按住 Alt 键，当鼠标指针显示为图标 ✐。时，表示正在绘制封闭路径，如图 3-26 所示。松开鼠标，再松开 Alt 键，绘制出封闭的路径，效果如图 3-27 所示。

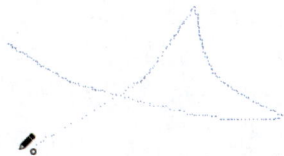

图 3-26   图 3-27

◎ 使用"铅笔"工具连接两条路径

选择"选择"工具 ▶，选取两条开放的路径，如图 3-28 所示。选择"铅笔"工具 ✐，按住鼠标左键不放，将鼠标指针从一条路径的端点处拖曳到另一条路径的端点处，如图 3-29 所示。按住 Ctrl 键，鼠标指针显示为合并图标 ✐ₒ，表示将合并两个锚点或路径，如图 3-30 所示。松开鼠标，再松开 Ctrl 键，效果如图 3-31 所示。

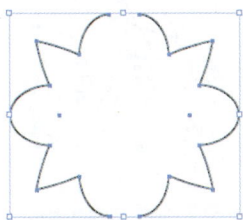
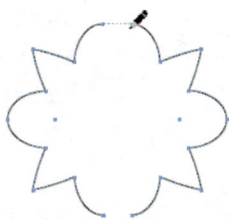
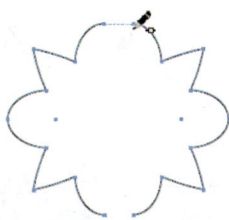

图 3-28   图 3-29   图 3-30   图 3-31

4．"平滑"工具

选择"直接选择"工具 ▷，选取要进行平滑处理的路径。选择"平滑"工具 ✐，沿着要进行平滑处理的路径段拖曳鼠标指针，如图 3-32 所示。继续进行平滑处理，直到描边或路径达到所需的平滑度，效果如图 3-33 所示。

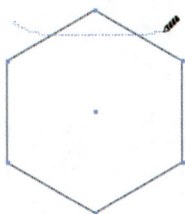
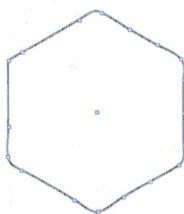

图 3-32   图 3-33

5．"抹除"工具

选择"直接选择"工具 ▷，选取要抹除的路径，如图 3-34 所示。选择"抹除"工具 ✐，沿着要抹除的路径段拖曳鼠标指针，如图 3-35 所示。抹除后的路径断开，生成两个端点，效果如图 3-36 所示。

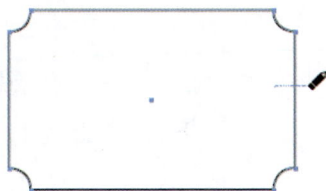
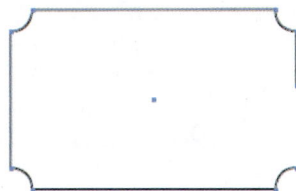

图 3-34   图 3-35   图 3-36

6. "钢笔"工具

◎ 使用"钢笔"工具绘制直线和折线

选择"钢笔"工具 ✐，在页面中任意位置单击，将创建出 1 个锚点，将鼠标指针移动到需要的位置再单击，可以创建第 2 个锚点，两个锚点之间自动以直线进行连接，效果如图 3-37 所示。

再将鼠标指针移动到其他位置后单击，就出现了第 3 个锚点，在第 2 个和第 3 个锚点之间生成一条新的直线路径，效果如图 3-38 所示。

使用相同的方法继续绘制路径，如图 3-39 所示。当要闭合路径时，将鼠标指针定位于创建的第 1 个锚点上，鼠标指针变为 ✐₀ 图标（见图 3-40），单击即可闭合路径，效果如图 3-41 所示。

 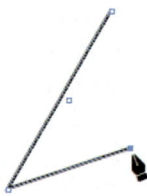   

图 3-37 图 3-38 图 3-39 图 3-40 图 3-41

绘制一条路径并保持路径开放，如图 3-42 所示。在按住 Ctrl 键的同时，在对象外的任意位置单击，可以结束路径的绘制，开放路径效果如图 3-43 所示。

按住 Shift 键创建锚点，将强迫系统以 45° 或 45° 的倍数绘制路径。按住 Alt 键，"钢笔"工具图标 ✐ 将暂时转换成"转换方向点"工具图标 ▸；按住 Ctrl 键，"钢笔"工具图标 ✐ 将暂时转换成"直接选择"工具图标 ▸。

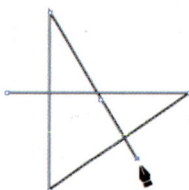 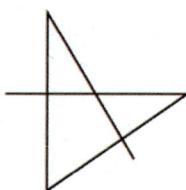

图 3-42 图 3-43

◎ 使用"钢笔"工具绘制路径

选择"钢笔"工具 ✐，在页面中单击，并按住鼠标左键不放，拖曳鼠标指针以确定路径的起点。起点的两端分别出现了一条控制线，松开鼠标，效果如图 3-44 所示。

移动鼠标指针到需要的位置，再次单击并按住鼠标左键不放，拖曳鼠标指针，出现一条路径段。移动鼠标的同时，第 2 个锚点两端也出现了控制线。按住鼠标左键不放，随着鼠标的移动，路径段的形状也发生变化，如图 3-45 所示。松开鼠标，移动鼠标继续绘制。

如果连续单击并拖曳鼠标指针，就能绘制出连续平滑的路径，如图 3-46 所示。

 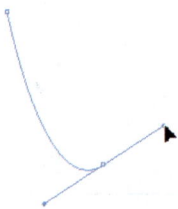 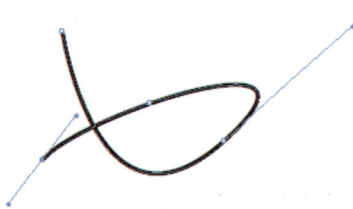

图 3-44 图 3-45 图 3-46

◎ 使用"钢笔"工具绘制混合路径

选择"钢笔"工具 ，在页面中需要的位置单击两次绘制出直线，如图 3-47 所示。

移动鼠标指针到需要的位置，再次单击并按住鼠标左键不放，拖曳鼠标指针，绘制出一条路径段，如图 3-48 所示。松开鼠标，移动鼠标指针到需要的位置，再次单击并按住鼠标左键不放，拖曳鼠标指针，又绘制出一条路径段，松开鼠标，如图 3-49 所示。

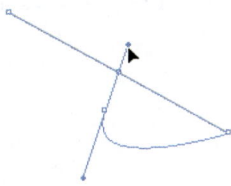
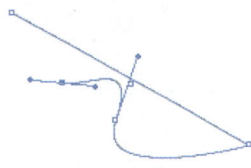

图 3-47　　　　　　　　　　图 3-48　　　　　　　　　　图 3-49

将"钢笔"工具 的鼠标指针定位于刚建立的路径锚点上，一个转换图符 会出现在"钢笔"工具的鼠标指针旁。在路径锚点上单击，将路径锚点转换为直线锚点，如图 3-50 所示。移动鼠标指针到需要的位置后再次单击，在路径段后绘制出直线段，如图 3-51 所示。

将鼠标指针定位于创建的第 1 个锚点上，鼠标指针变为 图标，单击并按住鼠标左键不放，拖曳鼠标指针，如图 3-52 所示。松开鼠标，绘制出路径并闭合路径，如图 3-53 所示。

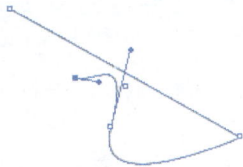
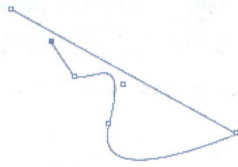
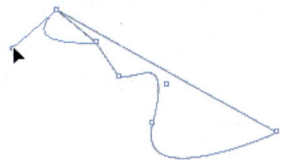
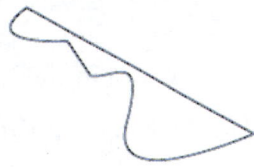

图 3-50　　　　　　　图 3-51　　　　　　　图 3-52　　　　　　　图 3-53

◎ 调整路径

选择"直接选择"工具 ，选取需要调整的路径，如图 3-54 所示。使用"直接选择"工具 ，在要调整的锚点上单击并拖曳鼠标指针，可以移动锚点到需要的位置，如图 3-55 所示。拖曳锚点两端控制线上的调节手柄，可以调整路径的形状，如图 3-56 所示。

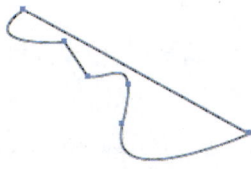
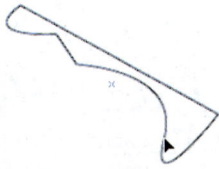

图 3-54　　　　　　　　图 3-55　　　　　　　　图 3-56

7．选取、移动锚点

◎ 选中路径上的锚点

对路径或图形上的锚点进行编辑时，必须首先选中要编辑的锚点。绘制一条路径，选择"直接选择"工具 ，将显示路径上的锚点和线段，如图 3-57 所示。

路径中的每个方形小圈就是路径的锚点，在需要选取的锚点上单击，锚点上会显示控制线和控制线两端的控制点，同时会显示前后锚点的控制线和控制点，效果如图 3-58 所示。

◎ 选中路径上的多个或全部锚点

选择"直接选择"工具 ▷，按住 Shift 键单击需要的锚点，可选取多个锚点，如图 3-59 所示。

选择"直接选择"工具 ▷，在绘图页面中路径图形的外围按住鼠标左键，拖曳鼠标指针圈住多个或全部锚点，如图 3-60 和图 3-61 所示，被圈住的锚点将被多个或全部选取，如图 3-62 和图 3-63 所示。单击路径外的任意位置，锚点的选取状态将被取消。

选择"直接选择"工具 ▷，单击路径的中心点，可选取路径上的所有锚点，如图 3-64 所示。

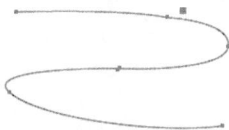
图 3-57

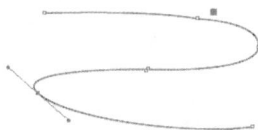
图 3-58

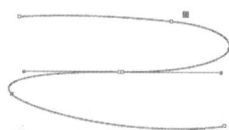
图 3-59

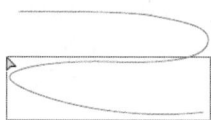
图 3-60

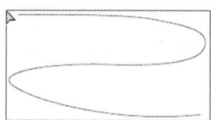
图 3-61

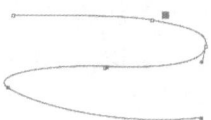
图 3-62

图 3-63

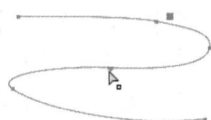
图 3-64

◎ 移动路径上的单个锚点

绘制一个图形，如图 3-65 所示。选择"直接选择"工具 ▷，单击要移动的锚点并按住鼠标左键不放，拖曳该锚点，如图 3-66 所示。松开鼠标，图形调整的效果如图 3-67 所示。

选择"直接选择"工具 ▷，选取并拖曳锚点上的控制点，如图 3-68 所示。松开鼠标，图形调整的效果如图 3-69 所示。

图 3-65

图 3-66

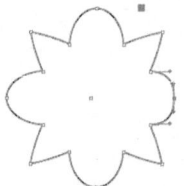
图 3-67

图 3-68

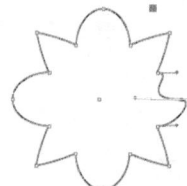
图 3-69

◎ 移动路径上的多个锚点

选择"直接选择"工具 ▷，圈选图形上的部分锚点，如图 3-70 所示。按住鼠标左键不放，将其拖曳到适当的位置，松开鼠标，移动后的锚点如图 3-71 所示。

选择"直接选择"工具 ▷，锚点的选取状态如图 3-72 所示。拖曳任意一个被选取的锚点，其他被选取的锚点也会随之移动，如图 3-73 所示。松开鼠标，图形调整的效果如图 3-74 所示。

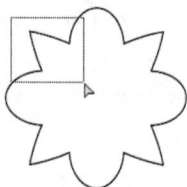
图 3-70

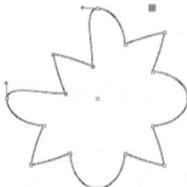
图 3-71

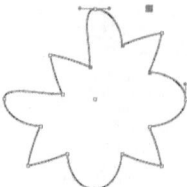
图 3-72

图 3-73

图 3-74

8．增加、删除、转换锚点

选择"直接选择"工具 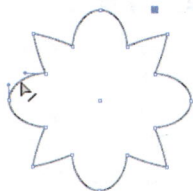 选取要增加锚点的路径，如图3-75所示。选择"钢笔"工具 或"添加锚点"工具 ，将鼠标指针定位到要增加锚点的位置，如图3-76所示。单击鼠标左键增加一个锚点，如图3-77所示。

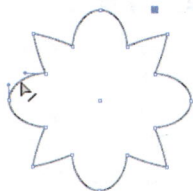

图 3-75

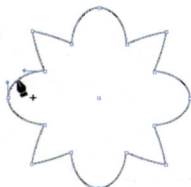

图 3-76

图 3-77

选择"直接选择"工具 ，选取需要删除锚点的路径，如图3-78所示。选择"钢笔"工具 或"删除锚点"工具 ，将鼠标指针定位到要删除的锚点处，如图3-79所示，单击鼠标左键可以删除这个锚点，效果如图3-80所示。

图 3-78

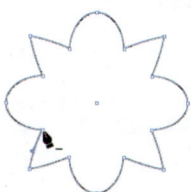

图 3-79

图 3-80

> **提示**
>
> 如果需要在路径和图形中删除多个锚点，可以先按住 Shift 键，再用鼠标选择要删除的多个锚点后按 Delete 键；也可以使用圈选的方法，选择需要删除的多个锚点后按 Delete 键。

选择"直接选择"工具 ，选取路径，如图3-81所示。选择"转换方向点"工具 ，将鼠标指针定位到要转换的锚点上，如图3-82所示。拖曳鼠标指针可转换锚点，编辑路径的形状，效果如图3-83所示。

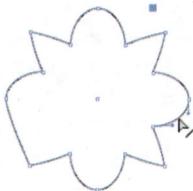

图 3-81

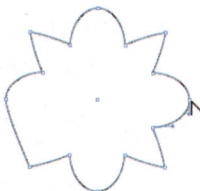

图 3-82

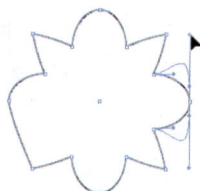

图 3-83

9．连接、断开路径

◎ 使用"钢笔"工具连接路径

选择"钢笔"工具 ，将鼠标指针置于一条开放路径的端点上，当其变为 图标时单击端点，如图3-84所示。在需要扩展的新位置单击，绘制出的连接路径如图3-85所示。

图 3-84　　　　　　　　　　　　　　　　　　图 3-85

选择"钢笔"工具 ，将鼠标指针置于一条路径的端点上，当其变为图标 时单击端点，如图 3-86 所示。再将鼠标指针置于另一条路径的端点上，当其变为图标 时，如图 3-87 所示，单击端点将两条路径连接，效果如图 3-88 所示。

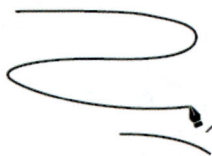

图 3-86　　　　　　　　　　图 3-87　　　　　　　　　　图 3-88

◎ 使用面板连接路径

选择一条开放路径，如图 3-89 所示。选择"窗口 > 对象和版面 > 路径查找器"命令，弹出"路径查找器"面板，单击"封闭路径"按钮 ，如图 3-90 所示，路径闭合，效果如图 3-91 所示。

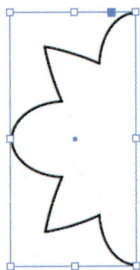
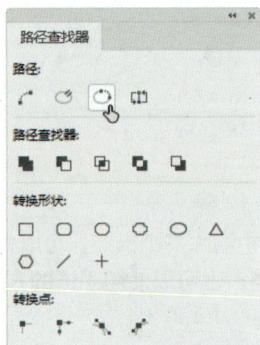

图 3-89　　　　　　　　　　图 3-90　　　　　　　　　　图 3-91

◎ 使用菜单命令连接路径

选择一条开放路径，选择"对象 > 路径 > 封闭路径"命令，也可将路径封闭。

◎ 使用"剪刀"工具断开路径

选择"直接选择"工具 ，选取要断开路径的锚点，如图 3-92 所示。选择"剪刀"工具 ，在锚点处单击，可将路径断开，如图 3-93 所示。选择"直接选择"工具 ，单击并拖曳断开的锚点，效果如图 3-94 所示。

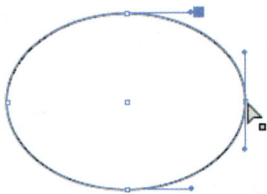
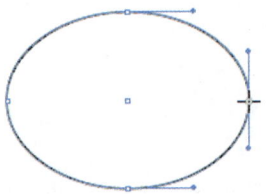
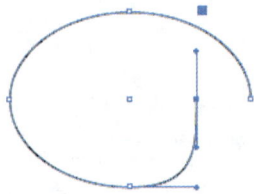

图 3-92　　　　　　　　　　图 3-93　　　　　　　　　　图 3-94

选择"选择"工具▶，选取要断开的路径，如图 3-95 所示。选择"剪刀"工具✂，在要断开的路径处单击，可将路径断开，单击处将生成呈选中状态的锚点，如图 3-96 所示。选择"直接选择"工具▷，单击并拖曳断开的锚点，效果如图 3-97 所示。

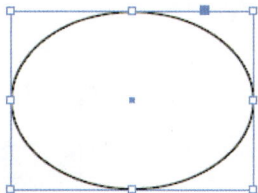
图 3-95

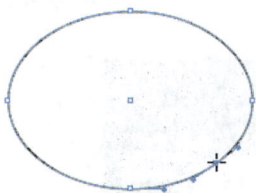
图 3-96

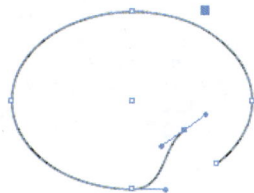
图 3-97

◎ 使用面板断开路径

选择"选择"工具▶，选取需要断开的路径，如图 3-98 所示。选择"窗口 > 对象和版面 > 路径查找器"命令，弹出"路径查找器"面板，单击"开放路径"按钮◌，如图 3-99 所示。图 3-100 中呈选中状态的锚点就是断开的锚点。选取并拖曳该锚点，效果如图 3-101 所示。

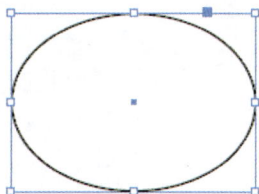
图 3-98

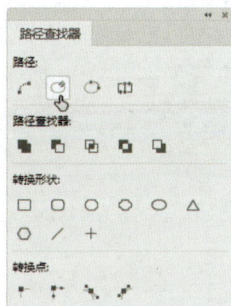
图 3-99

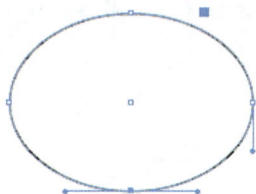
图 3-100

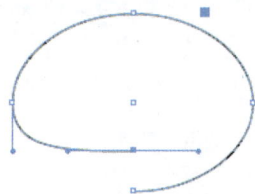
图 3-101

◎ 使用菜单命令断开路径

选择一条封闭路径，选择"对象 > 路径 > 开放路径"命令可将路径断开，呈现选中状态的锚点为路径的断开点。

3.1.5 【实战演练】绘制信纸

3.1.5实战演练

绘制信纸

3.2 绘制橄榄球队标志

3.2.1 【案例分析】

本案例是为某橄榄球队制作标志，要求特色鲜明，能体现体育精神；在设计手法上要求以简洁、易识别的图形和文字符号进行表达。

3.2.2 【设计理念】

选择鲜艳的色彩与白色对比，增强视觉冲击力，烘托运动热情；用橄榄球外形的图形和英文结合，主题明确、容易辨识，最终效果如图 3-102 所示（参看素材中的"Ch03 > 效果 > 绘制橄榄球队标志 .indd"）。

图 3-102

绘制橄榄球
队标志

3.2.3 【操作步骤】

（1）选择"文件 > 新建 > 文档"命令，弹出"新建文档"对话框，设置如图 3-103 所示。单击"边距和分栏"按钮，弹出"新建边距和分栏"对话框，设置如图 3-104 所示，单击"确定"按钮，新建一个页面。选择"视图 > 其他 > 隐藏框架边缘"命令，将所绘制图形的框架边缘隐藏。

图 3-103

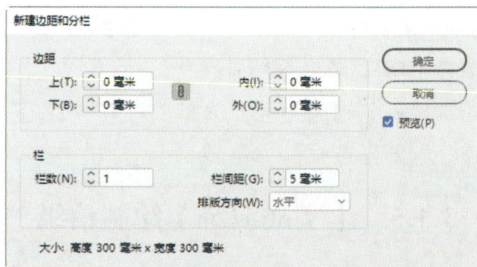

图 3-104

（2）选择"矩形"工具 ▢，在页面中绘制一个矩形，填充图形为黑色，并设置描边色为无，效果如图 3-105 所示。选择"椭圆"工具 ◯，在页面外绘制一个椭圆形，如图 3-106 所示。

图 3-105

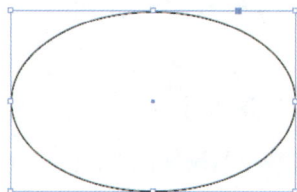

图 3-106

（3）选择"直接选择"工具 ▷，选取右侧的锚点，出现控制线，如图 3-107 所示。在按住 Shift 键的同时，向上拖曳下方的控制线到适当的位置，如图 3-108 所示。使用相同的方法调节其他锚点的控制线，如图 3-109 所示。

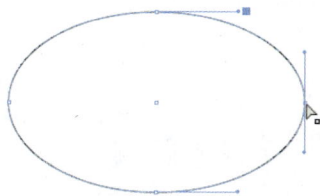
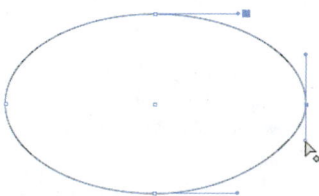
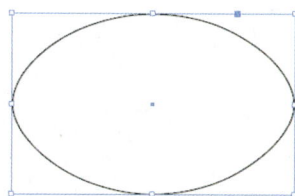

图 3-107　　　　　　　　　　　图 3-108　　　　　　　　　　　图 3-109

（4）选择"对象 > 变换 > 缩放"命令，在弹出的"缩放"对话框中进行设置，如图 3-110 所示。单击"复制"按钮，复制并缩小图形，效果如图 3-111 所示。

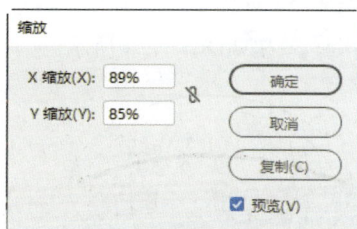
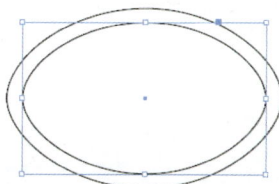

图 3-110　　　　　　　　　　　　　　　图 3-111

（5）选择"钢笔"工具 ✎，在适当的位置绘制一个闭合路径，如图 3-112 所示。选择"选择"工具 ▶，在按住 Alt+Shift 组合键的同时，水平向右拖曳图形到适当的位置，复制图形，效果如图 3-113 所示。单击"控制"面板中的"水平翻转"按钮 ◁▷，水平翻转图形，效果如图 3-114 所示。

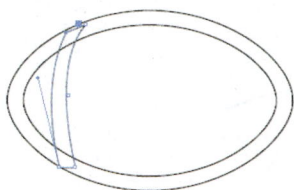
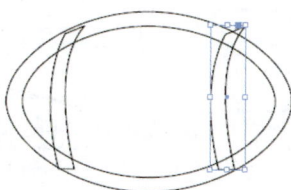
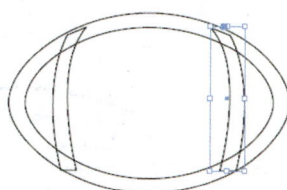

图 3-112　　　　　　　　　　　图 3-113　　　　　　　　　　　图 3-114

（6）选择"椭圆"工具 ◯，在按住 Shift 键的同时，在适当的位置绘制一个圆形，如图 3-115 所示。选择"矩形"工具 ▢，在适当的位置绘制一个矩形，如图 3-116 所示。

（7）在"控制"面板中将"旋转角度"下拉列表 △ ◯ 0° ∨ 设为 7°，按 Enter 键，效果如图 3-117 所示。选择"选择"工具 ▶，选取上方的圆形。在按住 Alt 键的同时，向下拖曳圆形到适当的位置，复制圆形，效果如图 3-118 所示。使用相同的方法绘制其他图形，效果如图 3-119 所示。

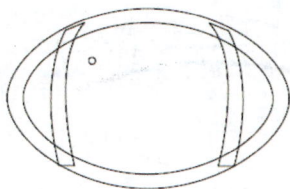
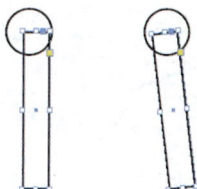
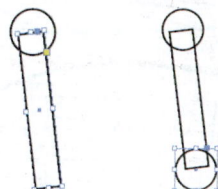

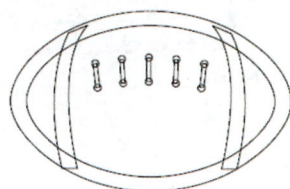

图 3-115　　　　　　图 3-116　　　图 3-117　　　图 3-118　　　　　图 3-119

（8）选择"选择"工具 ▶，在按住 Shift 键的同时，依次单击选取需要的图形，如图 3-120 所示。选择"窗口 > 对象和版面 > 路径查找器"命令，弹出"路径查找器"面板，单击"减去"按钮 ，如图 3-121 所示，生成新对象，效果如图 3-122 所示。

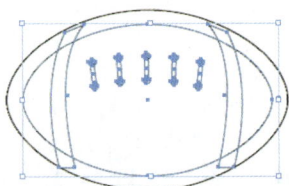
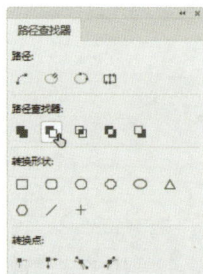
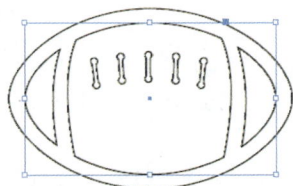

图 3-120　　　　　　　　　　图 3-121　　　　　　　　　　图 3-122

（9）选择"钢笔"工具 ，在适当的位置绘制一条路径，如图 3-123 所示。在"控制"面板中将"描边粗细"下拉列表 0.283 点 设为 9 点，按 Enter 键，效果如图 3-124 所示。

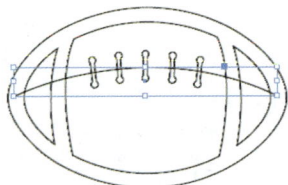
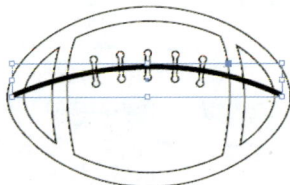

图 3-123　　　　　　　　　　　　　　图 3-124

（10）选择"钢笔"工具 ，在适当的位置分别绘制闭合路径，如图 3-125 所示。选择"选择"工具 ▶，在按住 Shift 键的同时，依次单击选取需要的闭合路径，如图 3-126 所示。

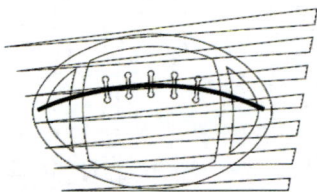
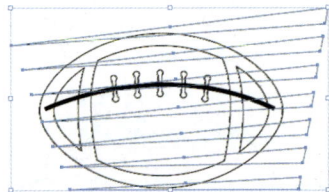

图 3-125　　　　　　　　　　　　　　图 3-126

（11）选择"路径查找器"面板，单击"相加"按钮 ，如图 3-127 所示，生成新对象，效果如图 3-128 所示。选择"选择"工具 ▶，在按住 Shift 键的同时，单击下方的椭圆形将其同时选取，如图 3-129 所示。

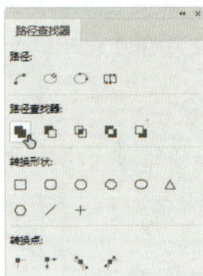
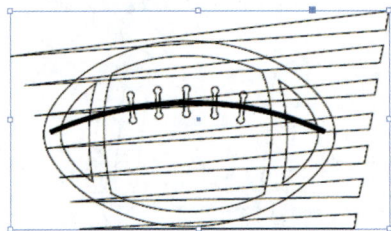
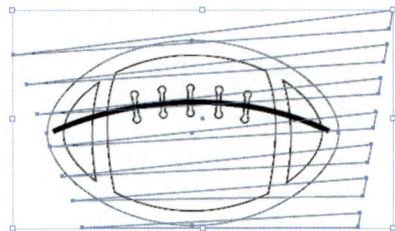

图 3-127　　　　　　　　　图 3-128　　　　　　　　　图 3-129

（12）选择"路径查找器"面板，单击"减去后方对象"按钮，如图 3-130 所示，生成新对象，效果如图 3-131 所示。设置图形填充色的 CMYK 值为 0、100、100、0，填充图形，并设置描边色为无，效果如图 3-132 所示。

图 3-130

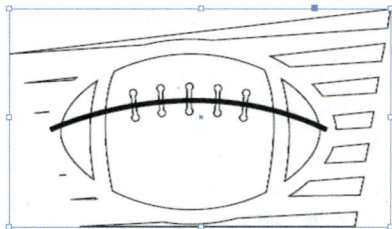
图 3-131

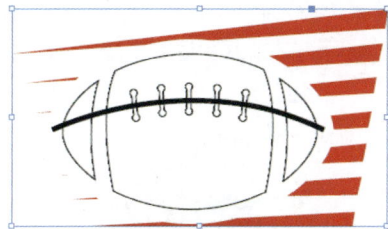
图 3-132

（13）选择"选择"工具，用圈选的方法将所绘制的图形同时选取，并将其拖曳到页面中适当的位置，如图 3-133 所示。选取橄榄球图形，填充图形为白色，并设置描边色为无，效果如图 3-134 所示。

（14）选择"文字"工具，在适当的位置拖曳出一个文本框，输入需要的文字。将输入的文字选取，在"控制"面板中选择合适的字体并设置文字大小，效果如图 3-135 所示。橄榄球队标志绘制完成。

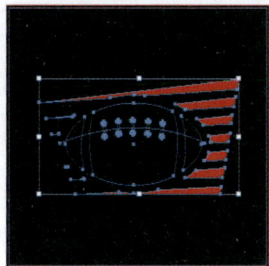
图 3-133

图 3-134

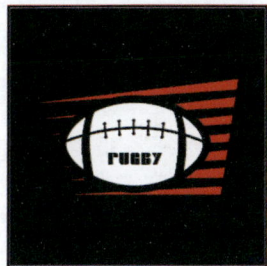
图 3-135

3.2.4 【相关知识】

◎ 添加

添加是将多个图形结合成一个图形，新的图形轮廓由被添加图形的边界组成，被添加图形的交叉线都将消失。

选择"选择"工具，选取需要的图形对象，如图 3-136 所示。选择"窗口 > 对象和版面 > 路径查找器"命令，弹出"路径查找器"面板。单击"相加"按钮，如图 3-137 所示，将两个图形相加。相加后图形对象的边框和颜色与最前方的图形对象相同，效果如图 3-138 所示。

图 3-136

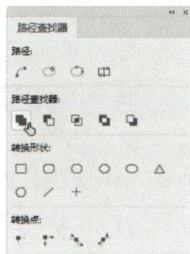
图 3-137

图 3-138

选择"选择"工具 ▶，选取需要的图形对象，选择"对象 > 路径查找器 > 添加"命令，也可以将两个图形相加。

◎ 减去

减去是从最底层的对象中减去最顶层的对象，被减后的对象保留其填充和描边属性。

选择"选择"工具 ▶，选取需要的图形对象，如图 3-139 所示。选择"窗口 > 对象和版面 > 路径查找器"命令，弹出"路径查找器"面板，单击"减去"按钮 ▣，如图 3-140 所示，将两个图形相减。相减后的对象保留底层对象的属性，效果如图 3-141 所示。

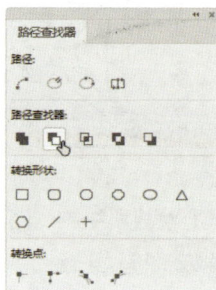
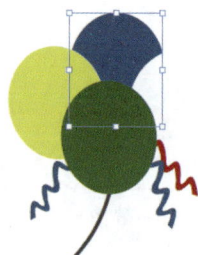

图 3-139   图 3-140   图 3-141

选择"选择"工具 ▶，选取需要的图形对象，选择"对象 > 路径查找器 > 减去"命令，也可以将两个图形相减。

◎ 交叉

交叉是将两个或两个以上对象的相交部分保留，使相交的部分成为一个新的图形对象。

选择"选择"工具 ▶，选取需要的图形对象，如图 3-142 所示。选择"窗口 > 对象和版面 > 路径查找器"命令，弹出"路径查找器"面板，单击"交叉"按钮 ▣，如图 3-143 所示，将两个图形交叉。相交后的对象保留顶层对象的属性，效果如图 3-144 所示。

图 3-142   图 3-143   图 3-144

选择"选择"工具 ▶，选取需要的图形对象，选择"对象 > 路径查找器 > 交叉"命令，也可以将两个图形相交。

◎ 排除重叠

排除重叠是减去前后图形的重叠部分，将不重叠的部分创建图形。

选择"选择"工具 ▶，选取需要的图形对象，如图 3-145 所示。选择"窗口 > 对象和版面 > 路径查找器"命令，弹出"路径查找器"面板，单击"排除重叠"按钮 ▣，如图 3-146 所示，将两个图形重叠的部分减去。生成的新对象保留最前方图形对象的属性，效果如图 3-147 所示。

图 3-145   图 3-146   图 3-147

选择"选择"工具 ▶，选取需要的图形对象，选择"对象 > 路径查找器 > 排除重叠"命令，也可以将两个图形重叠的部分减去。

◎ 减去后方对象

减去后方对象是减去后面图形，并减去前后图形的重叠部分，保留前面图形的剩余部分。

选择"选择"工具 ▶，选取需要的图形对象，如图 3-148 所示。选择"窗口 > 对象和版面 > 路径查找器"命令，弹出"路径查找器"面板，单击"减去后方对象"按钮 ▣，如图 3-149 所示，将后方的图形对象减去。生成的新对象保留最前方图形对象的属性，效果如图 3-150 所示。

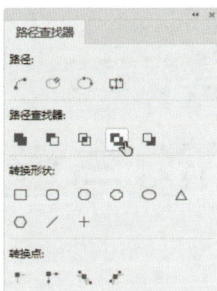

图 3-148   图 3-149   图 3-150

选择"选择"工具 ▶，选取需要的图形对象，选择"对象 > 路径查找器 > 减去后方对象"命令，也可以将后方的图形对象减去。

3.2.5　【实战演练】绘制创意图形

3.2.5实战演练

绘制创意图形

3.3　综合演练——绘制海滨插画

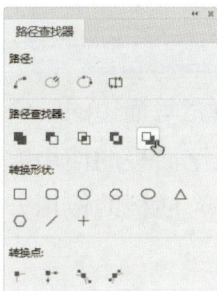

3.3综合演练

绘制海滨插画

04

第 4 章
编辑描边与填充

　　本章详细讲解在 InDesign CC 2019 中编辑图形描边和填充图形颜色的方法，并对"效果"面板进行重点介绍。通过本章的学习，读者可以使用 InDesign CC 2019 实现不同的图形描边和填充效果，还可以根据制作需要添加混合模式和特殊效果。

知识目标

- ✓ 熟练掌握填充与描边的编辑技巧
- ✓ 掌握"色板"面板的使用方法
- ✓ 掌握"效果"面板的使用方法

能力目标

- ✳ 掌握风景插画的绘制方法
- ✳ 掌握蝴蝶插画的绘制方法
- ✳ 掌握房地产名片的制作方法
- ✳ 掌握电话图标的绘制方法
- ✳ 掌握小丑头像的绘制方法

素质目标

- ○ 培养团队合作能力
- ○ 培养高效执行计划的能力
- ○ 培养能够高效解决问题的能力

4.1　绘制风景插画

4.1.1　【案例分析】

本案例是为儿童书籍绘制插画，要求以风景为主题，通过简洁的绘画语言表现出夕阳的美感。

4.1.2　【设计理念】

先从背景入手，通过橘色的背景营造出天空的宁静、广阔感，起到烘托气氛的效果；再通过房屋和山川点缀，增加画面的活泼感，形成动静结合的画面，充满童趣。最终效果如图 4-1 所示（参看素材中的"Ch04 > 效果 > 绘制风景插画 .indd"）。

绘制风景
插画

图 4-1

4.1.3　【操作步骤】

（1）打开 InDesign CC 2019，按 Ctrl+O 组合键，打开素材中的"Ch04 > 素材 > 绘制风景插画 > 01"文件，如图 4-2 所示。选择"选择"工具 ▶，选取下方的矩形，如图 4-3 所示。

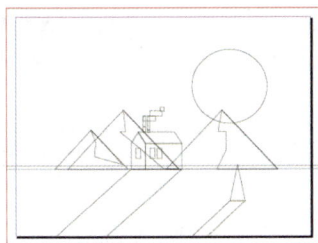

图 4-2

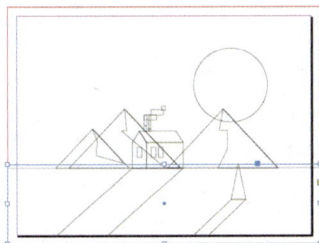

图 4-3

（2）选择"窗口 > 颜色 > 颜色"命令，在弹出的"颜色"面板中设置 CMYK 的值为 0、90、25、0，如图 4-4 所示，按 Enter 键，并设置描边色为无，效果如图 4-5 所示。

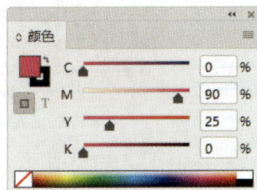

图 4-4

图 4-5

（3）选择"选择"工具▶，选取上方的矩形。双击"渐变色板"工具▣，弹出"渐变"面板。在"类型"选项中选择"线性"，在色带上选中左侧的渐变色标，设置 CMYK 的值为 0、33、52、0；选中右侧的渐变色标，设置 CMYK 的值为 0、26、100、0，如图 4-6 所示。填充渐变色，并设置描边色为无，效果如图 4-7 所示。

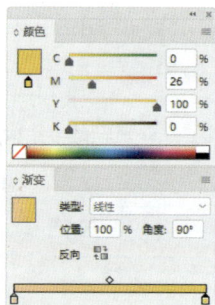

图 4-6

图 4-7

（4）选择"选择"工具▶，选取右侧需要的图形，如图 4-8 所示。在"颜色"面板中设置 CMYK 的值为 65、0、20、0，如图 4-9 所示，按 Enter 键，并设置描边色为无，效果如图 4-10 所示。

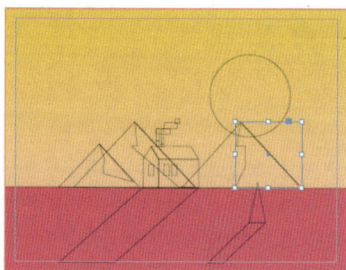

图 4-8

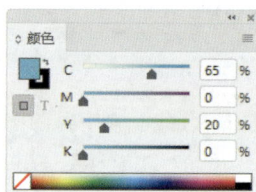

图 4-9

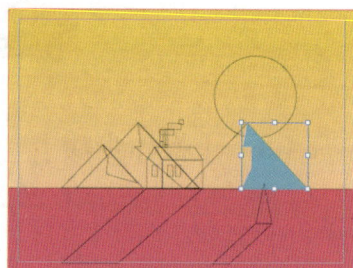

图 4-10

（5）选择"选择"工具▶，选取左侧的三角形，如图 4-11 所示。双击"渐变色板"工具▣，弹出"渐变"面板。在"类型"选项中选择"线性"，在色带上选中左侧的渐变色标，设置 CMYK 的值为 0、0、0、90；选中右侧的渐变色标，设置 CMYK 的值为 0、0、0、100，如图 4-12 所示。填充渐变色，并设置描边色为无，效果如图 4-13 所示。

图 4-11

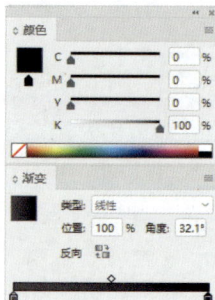

图 4-12

图 4-13

（6）用上述相同的方法填充其他图形相应的颜色，效果如图 4-14 所示。选择"选择"工具▶，在按住 Shift 键的同时，依次单击需要的矩形将其同时选取，如图 4-15 所示。

图 4-14

图 4-15

（7）在"颜色"面板中设置 CMYK 的值为 0、90、25、0，如图 4-16 所示，按 Enter 键，并设置描边色为无，取消选取状态，效果如图 4-17 所示。

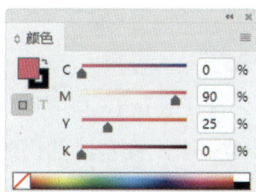

图 4-16

图 4-17

（8）选择"选择"工具 ▶，在按住 Shift 键的同时，依次单击需要的矩形将其同时选取，如图 4-18 所示。设置描边色为白色，并在"控制"面板中将"描边粗细"下拉列表 ⟳ 0.283 点 ⌄ 设为 1 点，按 Enter 键，取消选取状态，效果如图 4-19 所示。

图 4-18

图 4-19

（9）用相同的方法填充其他图形相应的颜色，效果如图 4-20 所示。选择"选择"工具 ▶，选取圆形，填充图形为白色，并设置描边色为无，效果如图 4-21 所示。

图 4-20

图 4-21

（10）选择"渐变羽化"工具，在图形中单击并按住鼠标左键向右下侧拖曳鼠标指针，如图 4-22 所示。松开鼠标后，渐变羽化的效果如图 4-23 所示。在页面空白处单击鼠标左键，取消图形的选取状态，风景插画绘制完成，效果如图 4-24 所示。

图 4-22

图 4-23

图 4-24

4.1.4　【相关知识】

1. 编辑描边

描边是指一个图形对象的边缘或路径。在默认状态下，在 InDesign CC 2019 中绘制出的图形基本上已画出了细细的黑色描边。通过调整描边的宽度，可以绘制出不同宽度的描边线，如图 4-25 所示。还可以将描边设置为无。

单击工具箱下方的"描边"按钮，如图 4-26 所示，可以指定所选对象的描边颜色。按 X 键时，可以切换填充显示框和描边显示框的位置。单击"互换填色和描边"按钮或按 Shift+X 组合键，可以互换填充色和描边色。

图 4-25

　　　　描边
图 4-26

在工具箱下方有 3 个按钮，分别是"应用颜色"按钮、"应用渐变"按钮和"应用无"按钮。

◎ 设置描边的粗细

选择"选择"工具，选取需要的图形，如图 4-27 所示。在"控制"面板的"描边粗细"下拉列表中输入需要的数值，如图 4-28 所示。按 Enter 键确定操作，效果如图 4-29 所示。

图 4-27

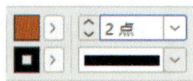
图 4-28

图 4-29

选择"选择"工具，选取需要的图形，如图 4-30 所示。选择"窗口 > 描边"命令，或按 F10 键，弹出"描边"面板，在"粗细"下拉列表中选择需要的笔画宽度值，或者直接输入合适的数值。本案例宽度的数值设置为 4 点，如图 4-31 所示，图形的笔画宽度被改变，效果如图 4-32 所示。

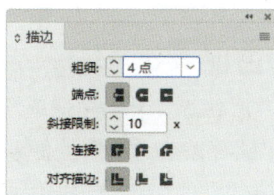

图 4-30   图 4-31   图 4-32

◎ 设置描边的填充

保持图形被选取的状态，如图 4-33 所示。选择"窗口 > 颜色 > 色板"命令，弹出"色板"面板，单击"描边"按钮，如图 4-34 所示。单击面板右上方的图标≡，在弹出的菜单中选择"新建颜色色板"命令，弹出"新建颜色色板"对话框，设置如图 4-35 所示。单击"确定"按钮，对象笔画的填充效果如图 4-36 所示。

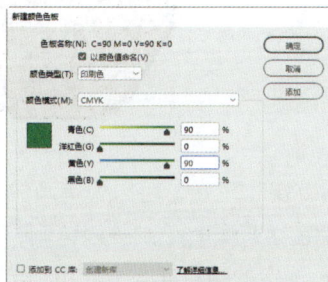

图 4-33   图 4-34   图 4-35   图 4-36

保持图形被选取的状态，如图 4-37 所示。选择"窗口 > 颜色 > 颜色"命令，弹出"颜色"面板，设置如图 4-38 所示。或双击工具箱下方的"描边"按钮，弹出"拾色器"对话框，如图 4-39 所示。在对话框中可以调配所需的颜色，单击"确定"按钮，对象笔画的颜色填充效果如图 4-40 所示。

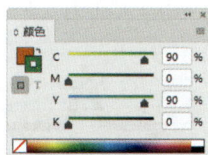

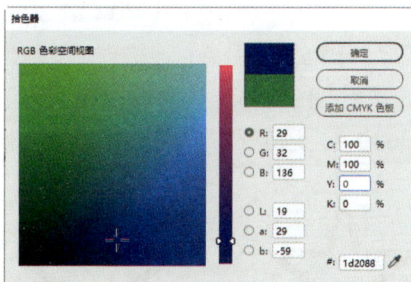

图 4-37   图 4-38   图 4-39   图 4-40

保持图形被选取的状态，如图 4-41 所示。选择"窗口 > 颜色 > 渐变"命令，在弹出的"渐变"面板中可以调配所需的渐变色，如图 4-42 所示。图形的描边渐变效果如图 4-43 所示。

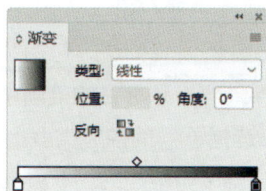

图 4-41   图 4-42   图 4-43

◎ 使用"描边"面板

选择"窗口 > 描边"命令，或按 F10 键，弹出"描边"面板，如图 4-44 所示。"描边"面板主要用于设置对象笔画的属性，如粗细、形状等。其主要选项功能如下。

● "斜接限制"选项用于设置笔画沿路径改变方向时的伸展长度。可以在其下拉列表中选择所需的数值，也可以在数值框中直接输入合适的数值。将"斜接限制"选项设置为"2"和"20"时的对象笔画效果分别如图 4-45 和图 4-46 所示。

图 4-44　　　　　　　　　　图 4-45　　　　　　　　　　图 4-46

末端是指一段笔画的首端和尾端，可以为笔画的首端和尾端选择不同的端点样式来改变笔画末端的形状。例如使用"钢笔"工具 绘制一段笔画，在"描边"面板中，"端点"选项包括 3 个不同端点样式的按钮 ，选定的端点样式会应用到选定的笔画中，如图 4-47 所示。

平头端点　　　　　　　　圆头端点　　　　　　　　投射末端

图 4-47

● "连接"选项是指一段笔画的拐点，连接样式就是指笔画拐角处的形状。该选项有斜接连接、圆角连接和斜面连接 3 种不同的转角连接样式。绘制多边形的笔画时，单击"描边"面板中的 3 个不同转角结合样式按钮 ，选定的转角连接样式会应用到选定的笔画中，如图 4-48 所示。

斜接连接　　　　　　　　圆角连接　　　　　　　　斜面连接

图 4-48

对齐描边是指在路径的内部、中间、外部设置描边，包括"描边对齐中心" 、"描边居内" 和"描边居外" 3 种样式。将这 3 种样式应用到选定的笔画中的效果如图 4-49 所示。

● 在"类型"选项的下拉菜单中可以选择不同的描边类型，如图 4-50 所示。在"起始处"和"结束处"选项的下拉菜单中可以选择线段的首端和尾端的形状样式，如图 4-51 所示。

描边对齐中心　　　　　　描边居内　　　　　　描边居外

图 4-49

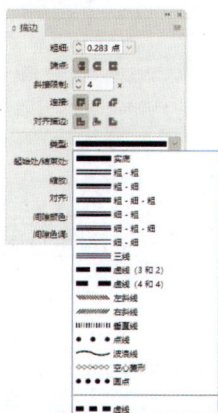

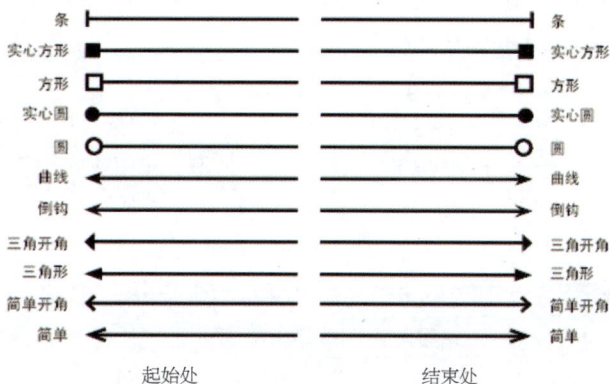

起始处　　　　　　　结束处

图 4-50　　　　　　　　　　　　　　　　　图 4-51

● "互换箭头起始处和结束处"按钮 ⇄ 用于互换起始箭头和终点箭头。选中曲线，如图 4-52 所示。在"描边"面板中单击"互换箭头起始处和结束处"按钮 ⇄，如图 4-53 所示，效果如图 4-54 所示。

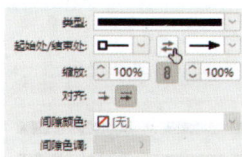

图 4-52　　　　　　　　　　　图 4-53　　　　　　　　　　　图 4-54

● 在"缩放"选项中，左侧的是"箭头起始处的缩放因子"数值框 ⬚ 100%，右侧的是"箭头结束处的缩放因子"数值框 ⬚ 100%。设置需要的数值，可以缩放曲线的起始箭头和结束箭头的大小。选中要缩放的曲线，如图 4-55 所示。将"箭头起始处的缩放因子"设置为 200，如图 4-56 所示，效果如图 4-57 所示；将"箭头结束处的缩放因子"设置为 200，效果如图 4-58 所示。

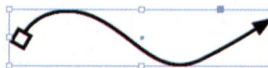

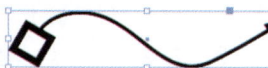

图 4-55　　　　　　　　图 4-56　　　　　　　　图 4-57　　　　　　　　图 4-58

● 单击"缩放"选项右侧的"链接箭头起始处和结束处缩放"按钮 ⬚，可以同时改变起始箭头和结束箭头的大小。

- 在"对齐"选项中，左侧的是"将箭头提示扩展到路径终点外"按钮 ，右侧的是"将箭头提示放置于路径终点处"按钮 ，这两个按钮分别用于设置箭头在终点以外和箭头在终点处。选中曲线，单击"将箭头提示扩展到路径终点外"按钮 ，箭头在终点处显示，如图 4-59 所示；单击"将箭头提示放置于路径终点处"按钮 ，箭头在终点处显示，如图 4-60 所示。

图 4-59

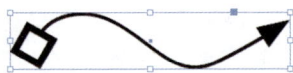
图 4-60

- "间隙颜色"下拉列表用于设置除实线以外其他线段类型间隙之间的颜色，如图 4-61 所示。间隙颜色的多少由"色板"面板中的颜色决定。"间隙色调"下拉列表用于设置所填充间隙颜色的饱和度，如图 4-62 所示。
- 在"类型"下拉列表中选择"虚线"，"描边"面板下方会自动弹出虚线选项，可以创建描边的虚线效果。虚线选项中包括 6 个数值框，第 1 个数值框默认的虚线值为 12 点，如图 4-63 所示。
- "虚线"数值框用于设置每一虚线段的长度。数值框中的数值越大，虚线的长度就越长；反之，数值越小，虚线的长度就越短。
- "间隔"数值框用于设置虚线段之间的距离。数值框中的数值越大，虚线段之间的距离越大；反之，数值越小，虚线段之间的距离就越小。
- "角点"下拉列表用于设置虚线中拐点的调整方法，其中包括无、调整线段、调整间隙、调整线段和间隙 4 种调整方法。

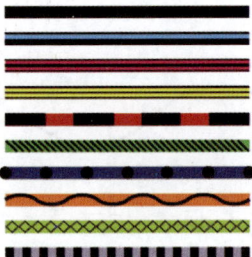
图 4-61

图 4-62

图 4-63

2．标准填充

◎ 使用工具箱填充

选择"选择"工具 ，选取需要填充的图形，如图 4-64 所示。双击工具箱下方的"填充"按钮，弹出"拾色器"对话框，调配所需的颜色，如图 4-65 所示。单击"确定"按钮，对象的颜色填充效果如图 4-66 所示。

◎ 使用"颜色"面板填充

在 InDesign CC 2019 中，也可以通过"颜色"面板设置对象的填充颜色。单击"颜色"面板右上方的图标 ，在弹出的菜单中选择当前取色时使用的颜色模式。无论选择哪一种颜色模式，面板中都将显示出相关的颜色内容，如图 4-67 所示。

选择"窗口 > 颜色 > 颜色"命令，弹出"颜色"面板。"颜色"面板上的按钮用于进行填充颜色和描边颜色之间的互相切换，操作方法与工具箱中按钮的使用方法相同。

将鼠标指针移动到取色区域，指针变为吸管形状，单击可以选取颜色，如图 4-68 所示。拖曳各个颜色滑块或在各文本框中输入有效的数值，可以调配出更精确的颜色。

图 4-64

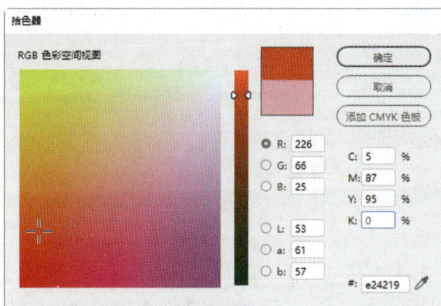
图 4-65

图 4-66

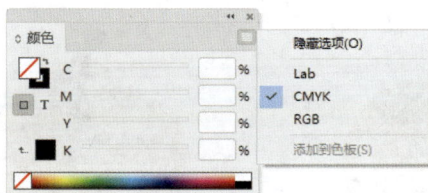
图 4-67

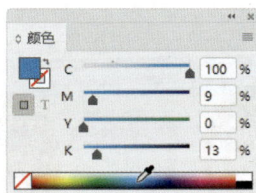
图 4-68

更改或设置对象的颜色时，单击选取已有的对象，在"颜色"面板中调配出新颜色，如图 4-69 所示。新选的颜色将被应用到当前选定的对象中，如图 4-70 所示。

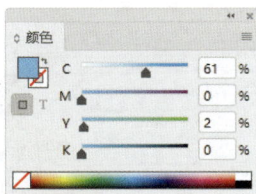
图 4-69

图 4-70

◎ 使用"色板"面板填充

选择"窗口 > 颜色 > 色板"命令，弹出"色板"面板，如图 4-71 所示。在"色板"面板中单击需要的颜色，可以将其选中并填充选取的图形。

选择"选择"工具▶，选取需要填充的图形，如图 4-72 所示。在"色板"面板中，单击面板右上方的图标≡，在弹出的菜单中选择"新建颜色色板"命令，弹出"新建颜色色板"对话框。选项的设置如图 4-73 所示，单击"确定"按钮，对象的填充效果如图 4-74 所示。

在"色板"面板中单击并拖曳需要的颜色到要填充的图形或路径上，松开鼠标，也可以填充图形或描边。

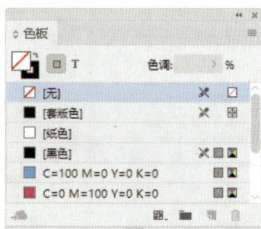

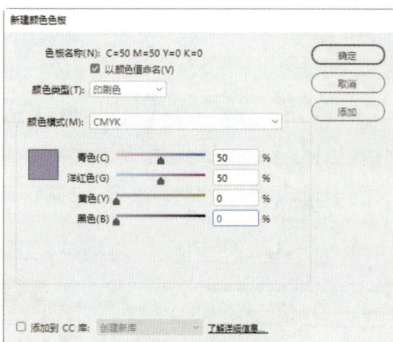

| 图 4-71 | 图 4-72 | 图 4-73 | 图 4-74 |

3．渐变填充

◎ 创建渐变填充

选取需要的图形，如图 4-75 所示。选择"渐变色板"工具 ，在图形中需要的位置单击设置渐变的起点并按住鼠标左键拖曳鼠标指针。再次单击确定渐变的终点，如图 4-76 所示。松开鼠标，渐变填充的效果如图 4-77 所示。

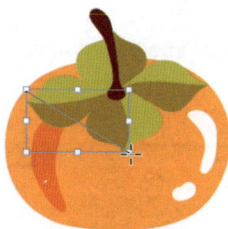

| 图 4-75 | 图 4-76 | 图 4-77 |

选取需要的图形，如图 4-78 所示。选择"渐变羽化"工具 ，在图形中需要的位置单击设置渐变的起点并按住鼠标左键拖曳鼠标指针。再次单击确定渐变的终点，如图 4-79 所示。松开鼠标，渐变羽化的效果如图 4-80 所示。

| 图 4-78 | 图 4-79 | 图 4-80 |

◎ 设置"渐变"面板

在"渐变"面板中可以设置渐变参数，可选择"线性"渐变或"径向"渐变，设置渐变的起始、中间和终止颜色，还可以设置渐变的位置和角度。

选择"窗口 > 颜色 > 渐变"命令，弹出"渐变"面板，如图 4-81 所示。在"类型"下拉列表中可以选择"线性"或"径向"渐变方式，如图 4-82 所示。

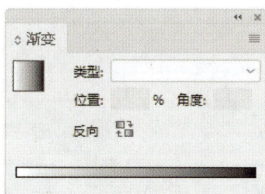

图 4-81

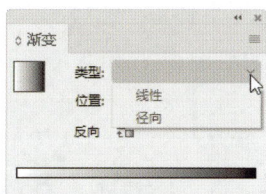

图 4-82

在"角度"数值框中显示当前的渐变角度,如图 4-83 所示。重新输入数值,如图 4-84 所示。按 Enter 键,可以改变渐变的角度,如图 4-85 所示。

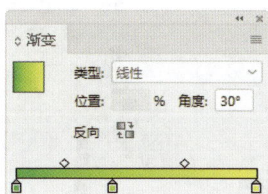

图 4-83

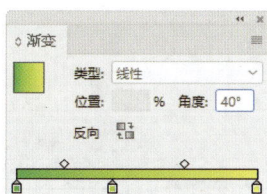

图 4-84

图 4-85

单击"渐变"面板下面的颜色滑块,在"位置"数值框中显示出该滑块在渐变颜色中的颜色位置百分比,如图 4-86 所示。拖曳该滑块,改变该颜色的位置,将改变颜色的渐变梯度,如图 4-87 所示。

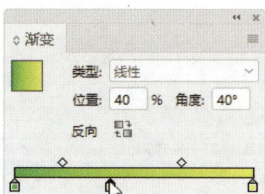

图 4-86

图 4-87

单击"渐变"面板中的"反向渐变"按钮,可将色谱条中的渐变反转,如图 4-88 所示。

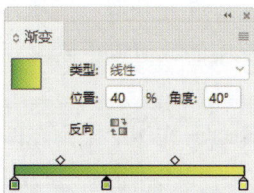

原面板

反向后的面板

图 4-88

在渐变色谱条底边单击,可以添加一个颜色滑块,如图 4-89 所示,在"颜色"面板中调配颜色,如图 4-90 所示,可以改变添加滑块的颜色,如图 4-91 所示。单击颜色滑块并按住鼠标左键不放将其拖曳到"渐变"面板外,可以直接删除颜色滑块。

◎ 设置渐变填充的样式

选择需要的图形,如图 4-92 所示。双击"渐变色板"工具或选择"窗口 > 颜色 > 渐变"命令,弹出"渐变"面板。在"渐变"面板的色谱条中,显示程序默认的白色到黑色的线性渐变样式,如

图 4-93 所示。在"渐变"面板"类型"下拉列表中选择"线性"渐变，如图 4-94 所示，图形将被线性渐变填充，效果如图 4-95 所示。

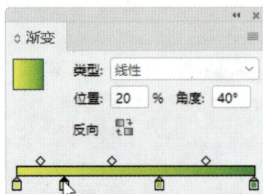

图 4-89

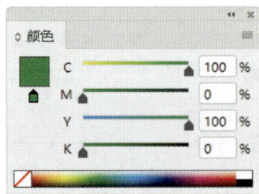

图 4-90

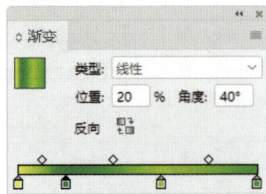

图 4-91

图 4-92

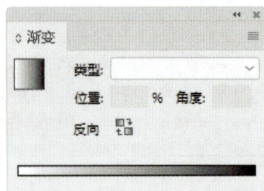

图 4-93

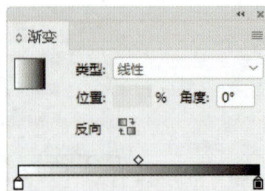

图 4-94

图 4-95

单击"渐变"面板中的起始颜色滑块，如图 4-96 所示，然后在"颜色"面板中调配所需的颜色，设置渐变的起始颜色。再单击终止颜色滑块，如图 4-97 所示，设置渐变的终止颜色，效果如图 4-98 所示。图形的线性渐变填充效果如图 4-99 所示。

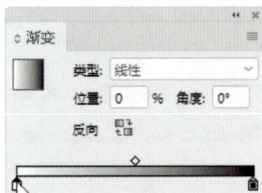

图 4-96

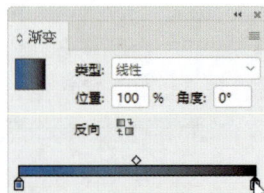

图 4-97

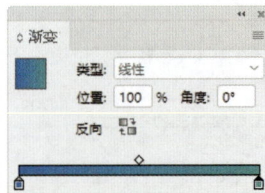

图 4-98

图 4-99

拖曳色谱条上边的控制滑块，可以改变颜色的渐变位置，如图 4-100 所示，这时"位置"数值框中的数值也会随之发生变化。同样，设置"位置"数值框中的数值也可以改变颜色的渐变位置，图形的线性渐变填充效果也将改变，如图 4-101 所示。

如果要改变颜色渐变的方向，可选择"渐变色板"工具，在图形中拖曳即可。当需要精确地改变渐变方向时，可通过"渐变"面板中的"角度"数值框来控制图形的渐变方向。

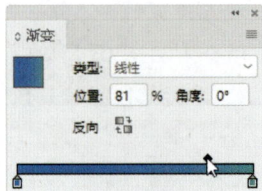

图 4-100

图 4-101

选择绘制好的图形，如图 4-102 所示。双击"渐变色板"工具  或选择"窗口 > 颜色 > 渐变"命令，弹出"渐变"面板。在"渐变"面板的色谱条中，显示程序默认的白色到黑色的线性渐变样式，如图 4-103 所示。在"渐变"面板的"类型"下拉列表中选择"径向"渐变类型，如图 4-104 所示，图形将被径向渐变填充，效果如图 4-105 所示。

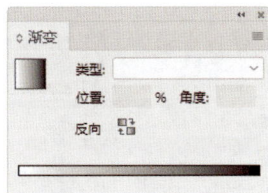

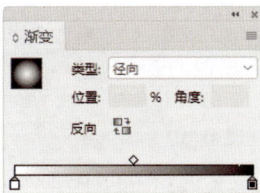

| 图 4-102 | 图 4-103 | 图 4-104 | 图 4-105 |

单击"渐变"面板中的起始颜色滑块 或终止颜色滑块 ，然后在"颜色"面板中调配颜色，可改变图形的渐变颜色，效果如图 4-106 所示。拖曳色谱条上边的控制滑块，可以改变颜色的中心渐变位置，效果如图 4-107 所示。使用"渐变色板"工具 拖曳，可改变径向渐变的中心位置，效果如图 4-108 所示。

| 图 4-106 | 图 4-107 | 图 4-108 |

4．"色板"面板

选择"窗口 > 颜色 > 色板"命令，弹出"色板"面板，如图 4-109 所示。"色板"面板提供了多种颜色，并且允许添加和存储自定义的色板。单击"将选定色板添加到我的当前 CC 库"按钮 ，可以将颜色主题中的色板添加到 CC 库中；单击"显示全部色板"按钮 ，可以使所有的色板显示出来；单击"显示颜色色板"按钮 ，将仅显示颜色色板；单击"显示渐变色板"按钮 ，将仅显示渐变色板；单击"显示颜色组"按钮 ，将仅显示颜色组；"新建颜色组"按钮 用于新建颜色组；

图 4-109

"新建色板"按钮 用于定义和新建新的色板；单击"删除选定的色板 / 组"按钮 ，可以将选定的色板或颜色组从"色板"面板中删除。

◎ 添加色板

选择"窗口 > 颜色 > 色板"命令，弹出"色板"面板，单击面板右上方的 图标，在弹出的菜单中选择"新建颜色色板"命令，弹出"新建颜色色板"对话框，如图 4-110 所示。在"颜色类型"下拉列表中选择新建的颜色是印刷色还是专色。"色彩模式"下拉列表用于定义颜色的模式。可以通过拖曳滑块来改变色值，也可以在滑块右侧的数值框中直接输入数值，如图 4-111 所示。

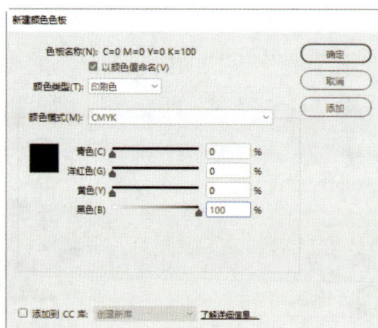

图 4-110

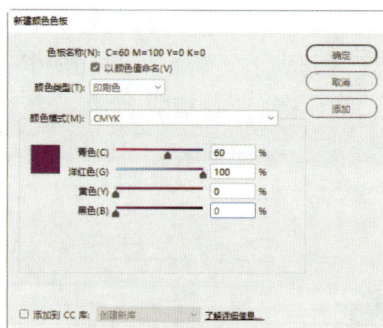

图 4-111

　　勾选"以颜色值命名"复选框，添加的色板将以改变的色值命名；若不勾选该复选框，可直接在"色板名称"文本框中输入新色板的名称，如图 4-112 所示。单击"添加"按钮，可以添加色板并定义另一个色板，定义完成后，单击"确定"按钮即可。选定的颜色会出现在"色板"面板及工具箱的填充框或描边框中。

　　选择"窗口 > 颜色 > 色板"命令，弹出"色板"面板，单击面板右上方的 ≡ 图标，在弹出的菜单中选择"新建渐变色板"命令，弹出"新建渐变色板"对话框，如图 4-113 所示。

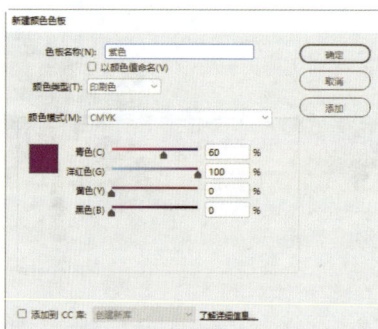

图 4-112

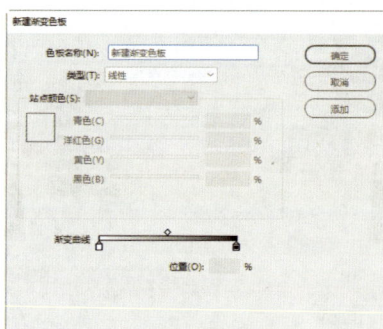

图 4-113

　　在"渐变曲线"的色谱条上单击起始颜色滑块🔲或终止颜色滑块🔳，然后拖曳滑块或在滑块右侧的数值框中直接输入数值，即可改变渐变颜色，如图 4-114 所示。单击色谱条也可以添加颜色滑块，设置颜色，如图 4-115 所示。在"色板名称"文本框中输入新色板的名称，单击"添加"按钮，可以添加色板并定义另一个色板，定义完成后，单击"确定"按钮即可。选定的渐变会出现在"色板"面板及工具箱的填充框或描边框中。

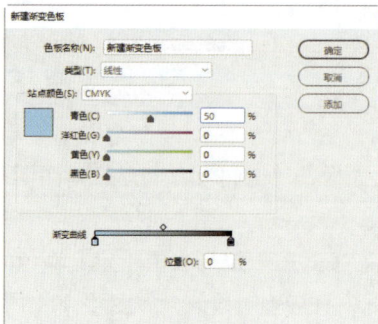

图 4-114

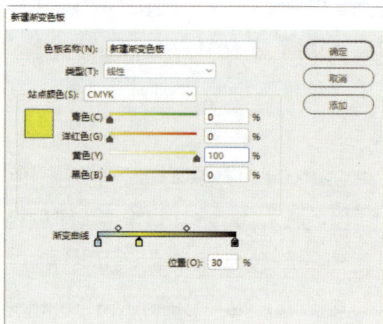

图 4-115

选择"窗口 > 颜色 > 颜色"命令，弹出"颜色"面板，拖曳各个颜色滑块或在各个数值框中输入需要的数值，如图 4-116 所示。单击面板右上方的≡图标，在弹出的菜单中选择"添加到色板"命令，如图 4-117 所示，在"色板"面板中将自动生成新的色板，如图 4-118 所示。

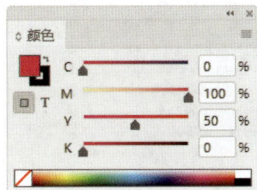
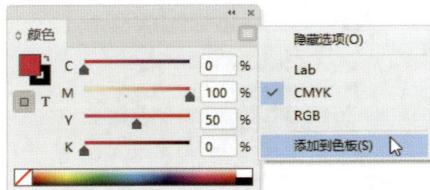
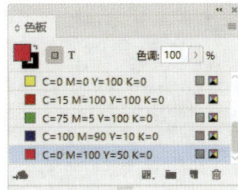

图 4-116   图 4-117   图 4-118

◎ 复制色板

选取一个色板，如图 4-119 所示，单击面板右上方的≡图标，在弹出的菜单中选择"复制色板"命令，"色板"面板中将生成色板的副本，如图 4-120 所示。

图 4-119   图 4-120

选取一个色板，单击面板下方的"新建色板"按钮▣或拖曳色板到"新建色板"按钮▣上，均可复制色板。

◎ 编辑色板

在"色板"面板中选取一个色板，双击该色板，弹出"色板选项"对话框。在对话框中进行设置，单击"确定"按钮即可编辑色板。

单击面板右上方的≡图标，在弹出的菜单中选择"色板选项"命令也可以编辑色板。

◎ 删除色板

在"色板"面板中选取一个或多个色板，在"色板"面板下方单击"删除选定的色板 / 组"按钮▣或将色板直接拖曳到"删除选定的色板 / 组"按钮▣上，可删除色板。

单击面板右上方的≡图标，在弹出的菜单中选择"删除色板"命令也可以删除色板。

5. 创建和更改色调

◎ 通过"色板"面板添加新的色调色板

在"色板"面板中选取一个色板，如图 4-121 所示，在"色板"面板上方拖曳滑块或在"色调"数值框中输入需要的数值，如图 4-122 所示。单击面板下方的"新建色板"按钮▣，在面板中生成以基准颜色的名称和色调的百分比为名称的色板，如图 4-123 所示。

在"色板"面板中选取一个色板，在"色板"面板上方拖曳滑块到适当的位置，单击右上方的≡图标，在弹出的菜单中选择"新建色调色板"命令也可以添加新的色调色板。

◎ 通过"颜色"面板添加新的色调色板

在"色板"面板中选取一个色板，如图 4-124 所示，在"颜色"面板中拖曳滑块或在百分比数值框中输入需要的数值，如图 4-125 所示。单击面板右上方的 ≡ 图标，在弹出的菜单中选择"添加到色板"命令，如图 4-126 所示。在"色板"面板中自动生成新的色调色板，如图 4-127 所示。

图 4-121

图 4-122

图 4-123

图 4-124

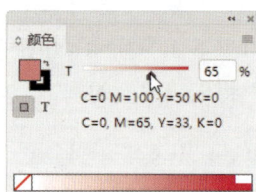

图 4-125

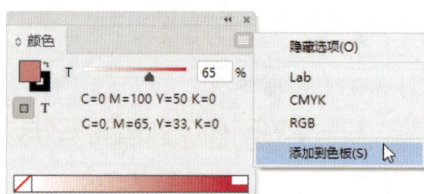

图 4-126

图 4-127

6. 在对象之间复制属性

使用"吸管"工具可以将一个图形对象的属性（如描边、颜色、透明属性等）复制给另一个图形对象，方便快速、准确地编辑属性相同的图形对象。

选择"选择"工具▶，选取需要的图形，如图 4-128 所示。选择"吸管"工具✐，将鼠标指针放在被复制属性的图形上，如图 4-129 所示。单击吸取图形的属性，选取的图形属性发生改变，效果如图 4-130 所示。

当使用"吸管"工具✐吸取对象属性后，按住 Alt 键，吸管会转变方向并显示为空吸管，表示可以去吸新的属性。不松开 Alt 键，单击新的对象，如图 4-131 所示，即吸取新对象的属性。松开鼠标和 Alt 键，效果如图 4-132 所示。

图 4-128

图 4-129

图 4-130

图 4-131

图 4-132

4.1.5 【实战演练】绘制蝴蝶插画

4.1.5实战演练　　　绘制蝴蝶插画

4.2 制作房地产名片

4.2.1 【案例分析】

本案例是制作房地产名片，要求体现时尚、现代的建筑风格，吸引客户的注意。

4.2.2 【设计理念】

以粉紫色作为主色调，选用实景照片作为背景元素，文字与图像合理搭配，在使画面丰富的同时，凸显主题文字，使客户一目了然。最终效果如图 4-133 所示（参看素材中的"Ch04 > 效果 > 制作房地产名片 .indd"）。

图 4-133

制作房地产
名片

4.2.3 【操作步骤】

（1）打开 InDesign CC 2019，选择"文件 > 新建 > 文档"命令，弹出"新建文档"对话框，设置如图 4-134 所示。单击"边距和分栏"按钮，弹出"新建边距和分栏"对话框，设置如图 4-135所示。单击"确定"按钮，新建一个页面。选择"视图 > 其他 > 隐藏框架边缘"命令，将所绘制图形的框架边缘隐藏。

图 4-134

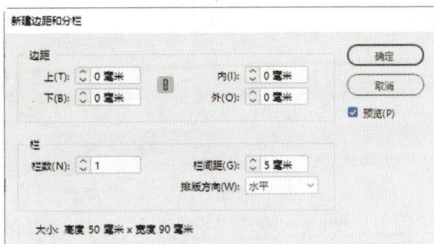

图 4-135

（2）选择"文件 > 置入"命令，弹出"置入"对话框，选择素材中的"Ch04 > 素材 > 制作房地产名片 > 01"文件，单击"打开"按钮，在页面空白处单击鼠标左键置入图片。选择"自由变换"工具 ，将图片拖曳到适当的位置并调整其大小，如图 4-136 所示。选择"选择"工具 ，分别裁剪图片上下两边，效果如图 4-137 所示。

图 4-136

图 4-137

（3）单击"控制"面板中的"向选定的目标添加对象效果"按钮 ，在弹出的菜单中选择"渐变羽化"命令，弹出"效果"对话框，选项的设置如图 4-138 所示。单击"确定"按钮，效果如图 4-139 所示。

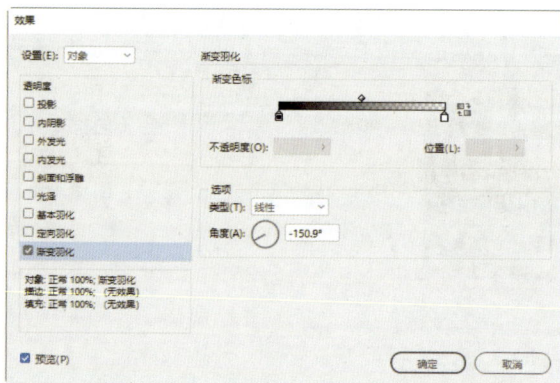

图 4-138

图 4-139

（4）选择"矩形"工具 ，绘制一个与页面大小相等的矩形，填充图形为白色，并设置描边色为无，效果如图 4-140 所示。

（5）选择"窗口 > 效果"命令，弹出"效果"面板，将混合模式选项设置为"柔光"，其他选项的设置如图 4-141 所示。按 Enter 键，效果如图 4-142 所示。

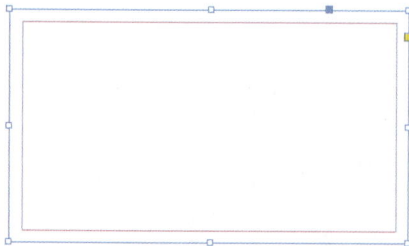

图 4-140

图 4-141

图 4-142

（6）选择"文字"工具 ，在适当的位置分别拖曳文本框，输入需要的文字。选取输入的文字，在"控制"面板中分别选择合适的字体并设置文字大小，效果如图 4-143 所示。

（7）选择"直线"工具 ✐，在按住 Shift 键的同时，在适当的位置拖曳鼠标指针绘制一条竖线，在"控制"面板中将"描边粗细"下拉列表 ⬦ 0.283 点 ⬦ 设为 0.5 点。按 Enter 键，效果如图 4-144 所示。

图 4-143

李天辰 | 项目经理

图 4-144

（8）选择"矩形"工具 ⬜，在适当的位置绘制一个矩形，设置图形填充色的 CMYK 值为 47、44、0、0，填充图形，并设置描边色为无，效果如图 4-145 所示。在"控制"面板中将"不透明度"下拉列表 ▨ 100% ▷ 设为 30%，按 Enter 键，效果如图 4-146 所示。

图 4-145

图 4-146

（9）选取并复制记事本文档中需要的文字。返回到 InDesign 中，选择"文字"工具 T，在适当的位置拖曳出一个文本框，将复制的文字粘贴到文本框中。选取输入的文字，在"控制"面板中选择合适的字体并设置文字大小，填充文字为白色，效果如图 4-147 所示。在"控制"面板中将"行距"下拉列表 ⬦ 14.4 点 ▼ 设为 11 点，按 Enter 键，取消文字的选取状态，效果如图 4-148 所示。

图 4-147

图 4-148

（10）选择"矩形"工具 ⬜，在适当的位置绘制一个矩形，设置图形填充色的 CMYK 值为 30、100、100、0，填充图形，并设置描边色为无，效果如图 4-149 所示。选择"直接选择"工具 ▷，向下拖曳右上角的锚点到适当的位置，效果如图 4-150 所示。用相同的方法绘制其他图形并填充相应的颜色，效果如图 4-151 所示。

（11）选择"选择"工具 ▶，按住 Shift 键的同时，选取需要的图形，如图 4-152 所示，选择

"效果"面板，将混合模式选项设为"正片叠底"，其他选项的设置如图 4-153 所示。按 Enter 键，效果如图 4-154 所示。

   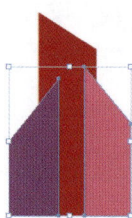 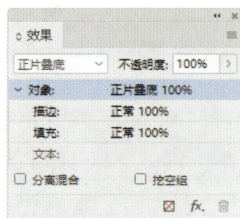 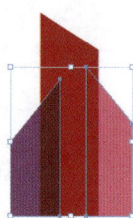

图 4-149   图 4-150   图 4-151   图 4-152   图 4-153   图 4-154

（12）选择"文字"工具 **T**，在适当的位置分别拖曳文本框，输入需要的文字。选取输入的文字，在"控制"面板中分别选择合适的字体并设置文字大小，效果如图 4-155 所示。选择"选择"工具 ▶，用圈选的方法将所绘制的图形和文字同时选取，并将其拖曳到页面中适当的位置，效果如图 4-156 所示。房地产名片制作完成。

图 4-155

图 4-156

4.2.4 【相关知识】

1. 透明度

选择"选择"工具 ▶，选取需要的图形对象，如图 4-157 所示。选择"窗口 > 效果"命令，或按 Ctrl+Shift+F10 组合键，弹出"效果"面板。在"不透明度"选项中拖曳滑块或在百分比框中输入需要的数值，"组：正常"选项的自动显示为设置的数值，如图 4-158 所示。对象的不透明度效果如图 4-159 所示。

 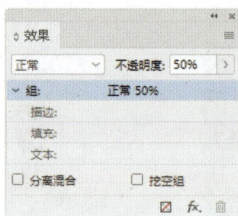 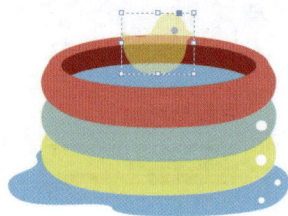

图 4-157   图 4-158   图 4-159

单击"描边：正常 100%"选项，在"不透明度"选项中拖曳滑块或在百分比数值框中输入需要的数值，"描边：正常"选项自动显示为设置的数值，如图 4-160 所示。对象描边的不透明度效果如图 4-161 所示。

单击"填充：正常 100%"选项，在"不透明度"选项中拖曳滑块或在百分比数值框中输入需要的数值，"填充：正常"选项自动显示为设置的数值，如图 4-162 所示。对象填充的不透明度效果如图 4-163 所示。

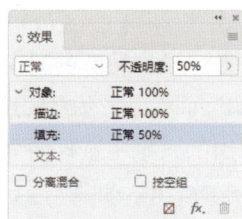

图 4-160   图 4-161   图 4-162   图 4-163

2. 混合模式

使用混合模式选项可以在两个重叠对象间混合颜色，更改上层对象与底层对象间颜色的混合方式。使用混合模式制作出的效果如图 4-164 所示。

图 4-164

3．特殊效果

特殊效果用于向选定的目标添加特殊的对象效果，使图形对象产生变化。单击"效果"面板下方的"向选定的目标添加对象效果"按钮 $fx_\cdot$，在弹出的菜单中选择需要的命令（见图 4-165），为对象添加不同的效果，如图 4-166 所示。

4．清除效果

选取应用效果的图形，在"效果"面板中单击"清除所有效果并使对象变为不透明"按钮，清除对象应用的效果。选择"对象 > 效果 > 清除效果"命令或单击"效果"面板右上方的 ≡ 图标，在弹出的菜单中选择"清除效果"命令，可以清除图形对象的特殊效果；选择"清除全部透明度"命令，可以清除图形对象应用的所有效果。

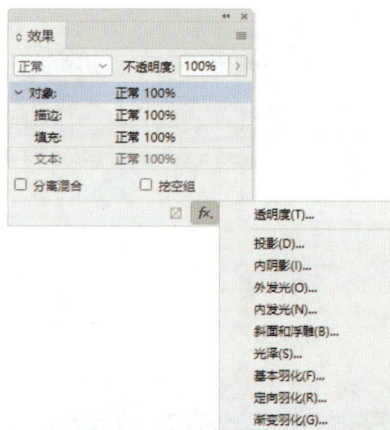

图 4-165

| 透明度 | 投影 | 内阴影 | 外发光 | 内发光 |
| 斜面和浮雕 | 光泽 | 基本羽化 | 定向羽化 | 渐变羽化 |

图 4-166

4.2.5　【实战演练】绘制电话图标

4.2.5实战演练　　　绘制电话图标

4.3　综合演练——绘制小丑头像

4.3综合演练　　　绘制小丑头像

05

第 5 章
编辑文本

本章主要介绍 InDesign CC 2019 强大的编辑和处理文本的功能。通过本章的学习，读者可以了解并掌握在 InDesign CC 2019 中处理文本的方法和技巧，为在排版工作中快速处理文本打下良好的基础。

知识目标

- ✓ 掌握文本及文本框的编辑方法
- ✓ 熟练掌握文本绕排面板的使用方法
- ✓ 掌握路径文字的制作方法

能力目标

- ✳ 掌握家具内页的制作方法
- ✳ 掌握糕点宣传单的制作方法
- ✳ 掌握蔬菜卡的制作方法
- ✳ 掌握糕点宣传单内页的制作方法
- ✳ 掌握飞机票宣传单的制作方法

素质目标

- ⊙ 培养为团队服务的责任意识
- ⊙ 培养不断学习的自我提升能力
- ⊙ 培养积极总结和反思的习惯

5.1 制作家具内页

5.1.1　【案例分析】

博暖家居商城提供整体厨房、书房、客厅、餐厅、卫浴、衣帽间等一站式全屋家具定制服务，本案例是制作家具宣传册中的家具内页，要求展现出商城节能环保的宣传理念。

5.1.2　【设计理念】

选择实景照片作为背景，使画面简洁大气，整体颜色的搭配清新干净，图文相辅相成，主题明确，最终效果如图 5-1 所示（参看素材中的"Ch05 > 效果 > 制作家具内页 .indd"）。

制作家具
内页

图 5-1

5.1.3　【操作步骤】

（1）打开 InDesign CC 2019，选择"文件 > 新建 > 文档"命令，弹出"新建文档"对话框，设置如图 5-2 所示。单击"边距和分栏"按钮，弹出"新建边距和分栏"对话框，设置如图 5-3 所示。单击"确定"按钮，新建一个页面。选择"视图 > 其他 > 隐藏框架边缘"命令，将所绘制图形的框架边缘隐藏。

图 5-2

图 5-3

（2）选择"文件 > 置入"命令，弹出"置入"对话框。选择素材中的"Ch05 > 素材 > 制作家具内页 > 01"文件，单击"打开"按钮，在页面空白处单击鼠标左键置入图片。选择"自由变换"工具 ，将图片拖曳到适当的位置并调整其大小。选择"选择"工具 ，裁剪图片，效果如图 5-4 所示。

（3）选择"矩形"工具 ，在适当的位置拖曳鼠标指针分别绘制矩形，如图 5-5 所示。选择"选择"工具 ，将所绘制的矩形同时选取，设置图形填充色的 CMYK 值为 100、15、0、0，填充图形，并设置描边色为无，效果如图 5-6 所示。

图 5-4   图 5-5   图 5-6

（4）选择"选择"工具 ，在上方标尺上单击并向下拖曳鼠标指针，出现一条水平参考线。在"控制"面板中将"Y"轴选项设为"156 毫米"，如图 5-7 所示，按 Enter 键确定操作，效果如图 5-8 所示。

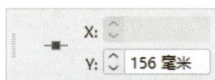   

图 5-7   图 5-8

（5）按 Ctrl+O 组合键，打开素材中的"Ch05 > 素材 > 制作家具内页 > 02"文件，按 Ctrl+A 组合键，将其全选。按 Ctrl+C 组合键，复制选取的图像。返回到正在编辑的页面中，按 Ctrl+V 组合键，将图像粘贴到页面中，并拖曳到适当的位置，效果如图 5-9 所示。

（6）选取并复制记事本文档中需要的文字，返回到 InDesign 中，选择"文字"工具 ，在适当的位置拖曳出一个文本框，将复制的文字粘贴到文本框中。选取输入的文字，在"控制"面板中选择合适的字体并设置文字大小，效果如图 5-10 所示。选取文字"简欧风"，在"控制"面板中选择合适的字体，取消文字的选取状态，效果如图 5-11 所示。

（7）选取并复制记事本文档中需要的文字，返回到 InDesign 中，选择"文字"工具 ，在适当的位置拖曳出一个文本框，将复制的文字粘贴到文本框中。选取输入的文字，在"控制"面板中选择合适的字体并设置文字大小，效果如图 5-12 所示。在"控制"面板中将"行距"下拉列表 (14.4 点) 设为 11 点，按 Enter 键，效果如图 5-13 所示。

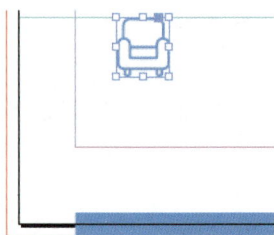
图 5-9

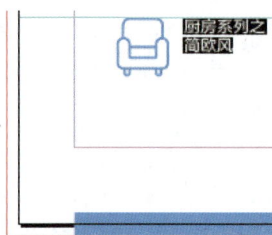
图 5-10

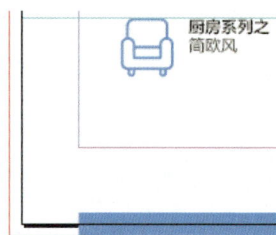
图 5-11

图 5-12

图 5-13

（8）保持文字的选取状态。按 Ctrl+Alt+T 组合键，弹出"段落"面板，选项的设置如图 5-14 所示。按 Enter 键，效果如图 5-15 所示。

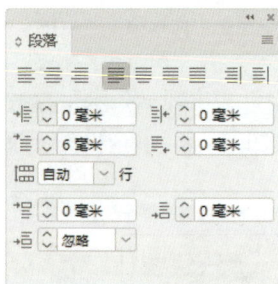
图 5-14

图 5-15

（9）选择"选择"工具 ▶，选取文字，单击文本框的出口，如图 5-16 所示。当鼠标指针变为载入文本图符 ▤ 时，将其移动到适当的位置，如图 5-17 所示。拖曳鼠标指针，文本自动排入框中，效果如图 5-18 所示。在页面空白处单击鼠标左键，取消文字的选取状态。家具内页制作完成，效果如图 5-19 所示。

图 5-16

图 5-17

图 5-18

图 5-19

5.1.4 【相关知识】

1. 使用文本框

◎ 创建文本框

选择"文字"工具 $\boxed{T}$ ，在页面中适当的位置单击并按住鼠标左键不放，将鼠标指针拖曳到适当的位置，如图 5-20 所示。松开鼠标创建文本框，文本框中会出现插入点，如图 5-21 所示。在拖曳时按住 Shift 键，可以拖曳出一个正方形的文本框，如图 5-22 所示。

图 5-20   图 5-21   图 5-22

◎ 移动和缩放文本框

选择"选择"工具 $\boxed{\blacktriangleright}$ ，直接拖曳文本框至需要的位置。

使用"文字"工具 $\boxed{T}$ ，在按住 Ctrl 键的同时，将鼠标指针置于已有的文本框中，指针变为"选择"工具图标 $\blacktriangleright$ ，如图 5-23 所示。单击并拖曳文本框至适当的位置，如图 5-24 所示。松开鼠标和 Ctrl 键，被移动的文本框处于选取状态，如图 5-25 所示。

图 5-23   图 5-24   图 5-25

在文本框中编辑文本时，也可按住 Ctrl 键移动文本框。用这个方法移动文本框可以不用切换工具，也不会丢失当前的文本插入点或选中的文本。

选择"选择"工具 $\boxed{\blacktriangleright}$ ，选取需要的文本框，拖曳文本框中的任何控制手柄，可缩放文本框。

选择"文字"工具 $\boxed{T}$ ，按住 Ctrl 键，将鼠标指针置于要缩放的文本上，将自动显示该文本的文本框，如图 5-26 所示。拖曳文本框上的控制手柄（见图 5-27）到适当的位置，可以缩放文本框，效果如图 5-28 所示。

图 5-26   图 5-27   图 5-28

> **提示**　选择"选择"工具 ▶，选取需要的文本框，按住 Ctrl 键或选择"缩放"工具 ⊡，可缩放文本框及文本框中的文本。

2．添加文本

◎ 输入文本

选择"文字"工具 T，在页面中适当的位置拖曳鼠标指针创建文本框，当松开鼠标时，文本框中会出现插入点，直接输入文本即可。

选择"选择"工具 ▶ 或选择"直接选择"工具 ▷，在已有的文本框内双击，文本框中会出现插入点，直接输入文本即可。

◎ 粘贴文本

可以从 InDesign 文件或其他应用程序中粘贴文本。当从其他程序中粘贴文本时，在 InDesign 中选择"编辑 > 首选项 > 剪贴板处理"命令，在弹出的对话框中进行设置，可决定是否保留原来的格式，以及是否将用于文本格式的任意样式都添加到"段落样式"面板中。

◎ 置入文本

选择"文件 > 置入"命令，弹出"置入"对话框，在对话框中选择要置入的文件所在的位置并单击文件名，如图 5-29 所示。单击"打开"按钮，在适当的位置拖曳鼠标指针置入文本，效果如图 5-30 所示。

在"置入"对话框中，各复选框的功能介绍如下。

● 勾选"显示导入选项"复选框，将显示包含所置入文件类型的"导入选项"对话框。单击"打开"按钮，弹出"导入选项"对话框，设置需要的选项，单击"确定"按钮，即可置入文本。

● 勾选"替换所选项目"复选框，置入的文本将替换当前所选文本框架的内容。单击"打开"按钮，可置入替换所有项目的文本。

● 勾选"应用网格格式"复选框，置入的文本将自动嵌套在网格中。单击"打开"按钮，可置入嵌套与网格中的文本。

● 勾选"创建静态题注"复选框，置入图片时会自动生成题注。

如果没有指定接收文本框，鼠标指针会变为载入文本图符 ，单击或拖动图符可置入文本。

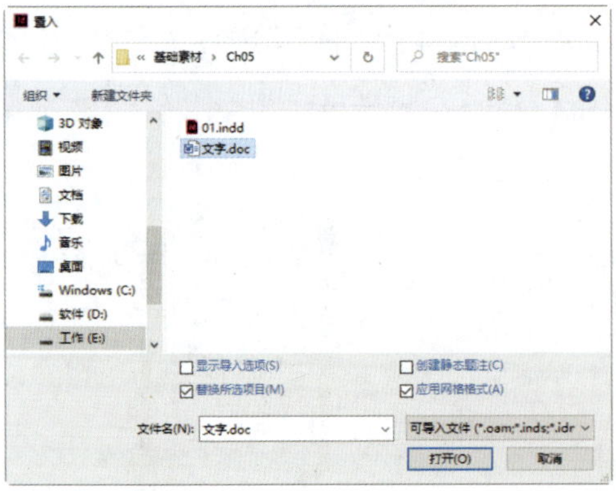

图 5-29

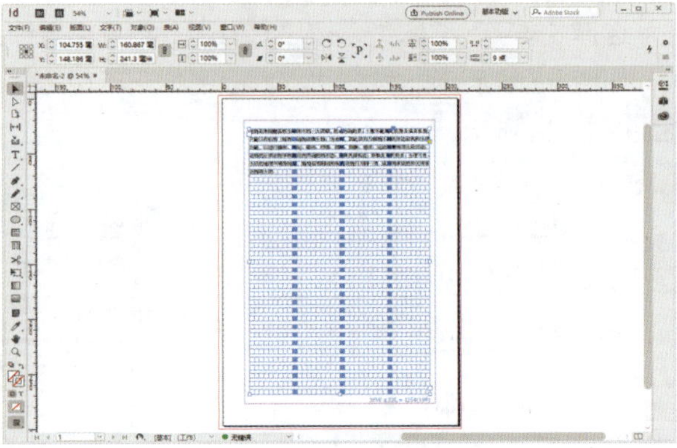

图 5-30

◎ 使框架适合文本

选择"选择"工具▶，选取需要的文本框，如图 5-31 所示。选择"对象 > 适合 > 使框架适合内容"命令，可以使文本框适合文本，效果如图 5-32 所示。

如果文本框中有过剩文本，可以使用"使框架适合内容"命令自动扩展文本框的底部来适应文本内容；如果文本框是串接的一部分，便不能使用该命令扩展文本框。

图 5-31　　　　　图 5-32

3. 串接文本框

文本框中的文字可以独立于其他文本框，或是在相互连接的文本框中流动。相互连接的文本框可以在同一个页面或跨页，也可以在不同的页面。文本串接是指在文本框之间连接文本的过程。

选择"视图 > 其他 > 显示文本串接"命令，选择"选择"工具▶，选取任意文本框，显示文本串接，如图 5-33 所示。

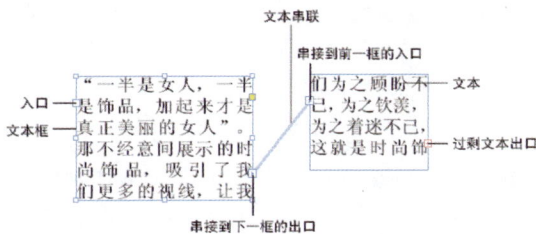

图 5-33

◎ 创建串接文本框

选择"选择"工具▶，选取需要的文本框，如图 5-34 所示。单击它的出口调出加载文本图符▤，在文档中适当的位置拖曳出新的文本框，如图 5-35 所示。松开鼠标，创建串接文本框，过剩的文本自动流入新创建的文本框中，效果如图 5-36 所示。

图 5-34　　　　　　　　　图 5-35　　　　　　　　　图 5-36

选择"选择"工具▶，将鼠标指针置于要创建串接的文本框的出口，如图 5-37 所示。单击调出加载文本图符▤，如图 5-38 所示，将其置于要连接的文本框之上，加载文本图符变为串接图符🔗。单击创建两个文本框间的串接，效果如图 5-39 所示。

图 5-37　　　　　　　　　图 5-38　　　　　　　　　图 5-39

◎ 取消文本框串接

选择"选择"工具▶，单击一个与其他文本框串接的文本框的出口（或入口），如图 5-40 所示。出现加载图符▤后，将其置于文本框内，如图 5-41 所示，使其显示为解除串接图符🔗。单击该文本框，取消文本框之间的串接，效果如图 5-42 所示。

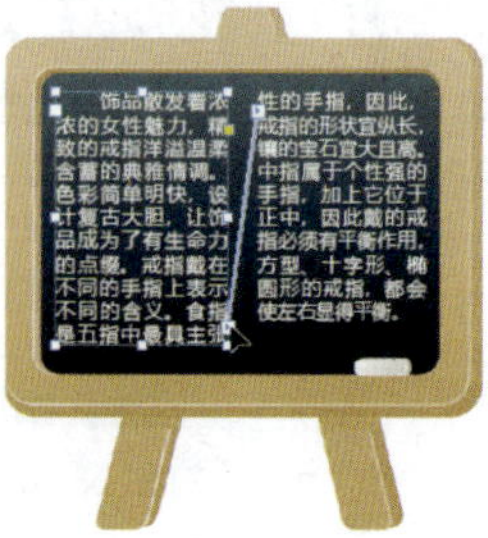

图 5-40 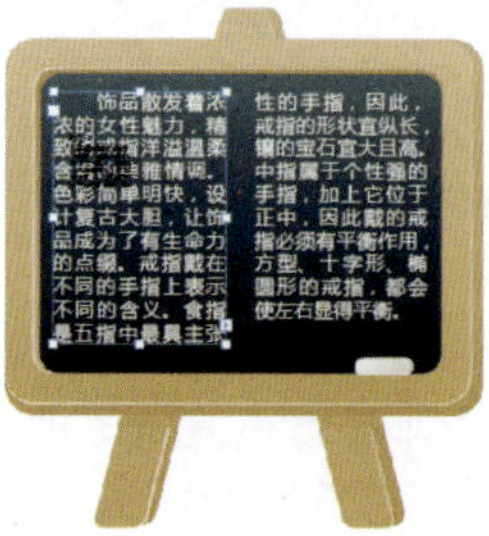　　　　　　　　　　图 5-41 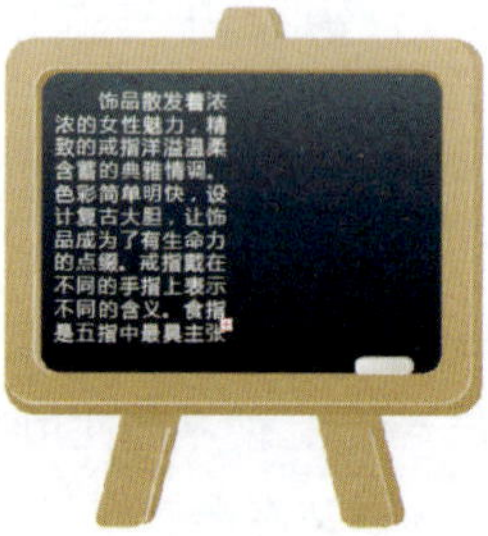　　　　　　　　　　图 5-42

选择"选择"工具 ，选取一个串接文本框，双击该文本框的出口，可取消文本框之间的串接。

◎ 手工或自动排文

在置入文本或是单击文本框的出入口后，鼠标指针会变为载入文本图符 ，此时就可以在页面上排文了。当载入文本图符位于辅助线或网格的捕捉点时，鼠标指针变为白色图符 。

选择"选择"工具 ，单击文本框的出口，鼠标指针会变为载入文本图符 ，将其拖曳到适当的位置，如图 5-43 所示。单击创建一个与栏宽等宽的文本框，文本自动排入框中，效果如图 5-44 所示。

图 5-43 　　　　　　　　　　　　　　　　图 5-44

选择"选择"工具 ，单击文本框的出口，如图 5-45 所示，鼠标指针会变为载入文本图符 。按住 Alt 键，鼠标指针会变为半自动排文图符 ，如图 5-46 所示，将其拖曳到适当的位置。单击创建一个与栏宽等宽的文本框，文本排入框中，如图 5-47 所示。不松开 Alt 键，继续在适当的位置单击，可置入过剩的文本，效果如图 5-48 所示。松开 Alt 键后，鼠标指针会自动变为载入文本图符 。

图 5-45 　　　　　　　图 5-46 　　　　　　　图 5-47 　　　　　　　图 5-48

选择"选择"工具 ▶，单击文本框的出口，鼠标指针会变为载入文本图符 ▦。在按住 Shift 键的同时，鼠标指针会变为自动排文图符 ▦，如图 5-49 所示，将其拖曳到适当的位置。单击鼠标左键，自动创建与栏宽等宽的多个文本框，效果如图 5-50 所示。若文本超出文档页面，将自动新建文档页面，直到所有的文本都排入文档中。

> **提示**
>
> 进行自动排文本时，鼠标指针变为载入文本图符后，按住 Shift+Alt 组合键，指针会变为固定页面自动排文图符。在页面中单击排文时，将所有文本都自动排列到当前页面中，但不添加页面，剩余的文本都将成为溢流文本。

图 5-49

图 5-50

4．设置文本框属性

选择"选择"工具 ▶，选取一个文本框，如图 5-51 所示。选择"对象 > 文本框架选项"命令，弹出"文本框架选项"对话框，如图 5-52 所示。设置需要的数值可改变文本框属性。

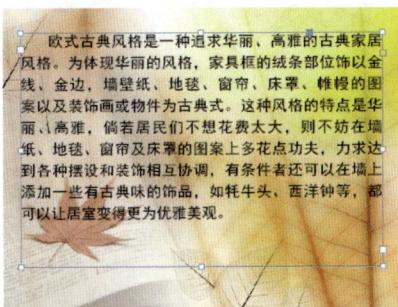

图 5-51

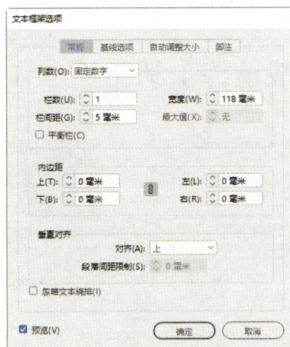

图 5-52

"列数"选项组用于设置固定数字、宽度和弹性宽度，其中"栏数""栏间距""宽度""最大值"选项分别用于设置文本框的分栏数、栏间距、栏宽和宽度最大值。

在"文本框架选项"对话框中设置需要的数值，如图 5-53 所示。单击"确定"按钮，效果如图 5-54 所示。

图 5-53

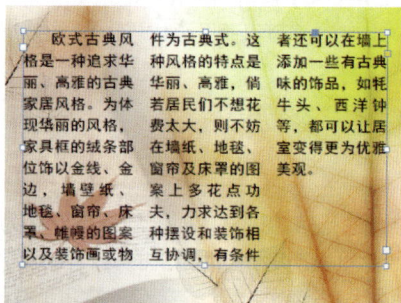

图 5-54

"文本框架选项"对话框中主要选项的功能如下。

● "平衡栏"复选框：勾选此复选框，可以使分栏后文本框中的文本保持平衡。

● "内边距"选项组：用于设置文本框上、下、左、右边距的偏离值。

● "垂直对齐"选项组中的"对齐"下拉列表：用于设置文本框与文本的对齐方式，包括"上""居中""下""两端对齐"4 种方式。

5．插入字形

选择"文字"工具 **T**，在文本框中单击，如图 5-55 所示。选择"文字 > 字形"命令或按 Alt+Shift+F11 组合键，弹出"字形"面板。在面板下方设置需要的字体和字体风格，选取需要的字形，如图 5-56 所示。双击字形图标在文本中插入字形，效果如图 5-57 所示。

图 5-55

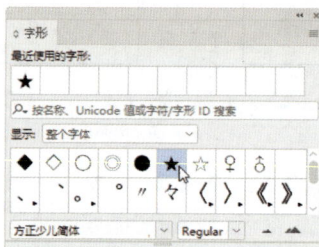

图 5-56

图 5-57

5.1.5 【实战演练】制作糕点宣传单

5.1.5实战演练

制作糕点
宣传单

5.2 制作蔬菜卡

5.2.1 【案例分析】

本案例是制作蔬菜卡，将蔬菜设计成蔬菜卡的形式便于孩子学习和认识蔬菜，每张卡片都包括一种蔬菜的图样与功效介绍，可以提高孩子的学习兴趣。

5.2.2 【设计理念】

卡片以绿色为主，背景色块及蔬菜图片的搭配清新干净，搭配文字体现蔬菜的营养、健康，最终效果如图 5-58 所示（参看素材中的"Ch05 > 效果 > 制作蔬菜卡 .indd"）。

图 5-58

5.2.3 【操作步骤】

（1）打开 InDesign CC 2019，选择"文件 > 新建 > 文档"命令，弹出"新建文档"对话框，设置如图 5-59 所示。单击"边距和分栏"按钮，弹出"新建边距和分栏"对话框，设置如图 5-60 所示。单击"确定"按钮，新建一个页面。选择"视图 > 其他 > 隐藏框架边缘"命令，将所绘制图形的框架边缘隐藏。

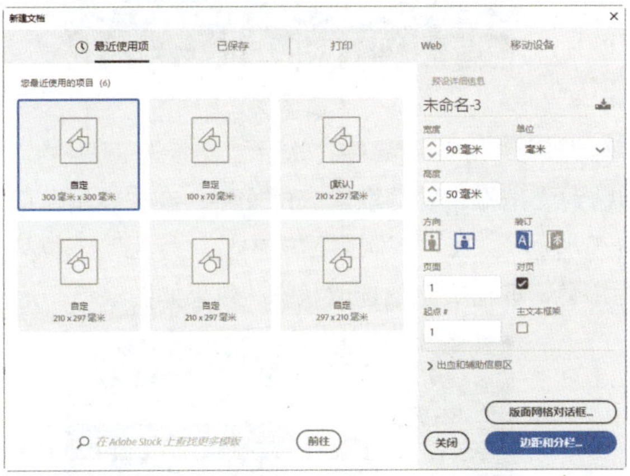

图 5-59

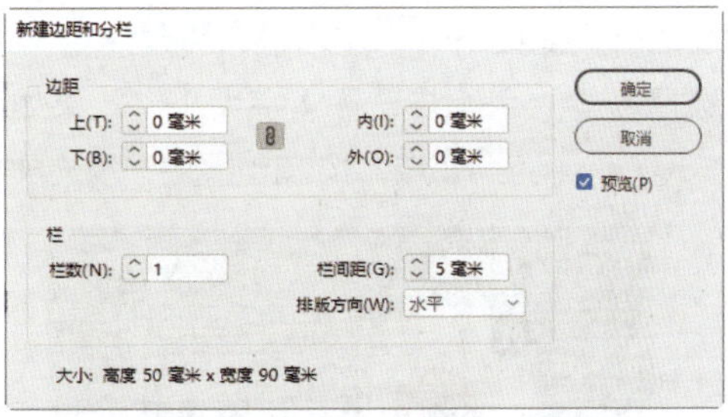

图 5-60

（2）选择"文件 > 置入"命令，弹出"置入"对话框，选择素材中的"Ch05 > 素材 > 制作蔬菜卡 > 01、02"文件，单击"打开"按钮，在页面空白处分别单击鼠标左键置入图片。选择"自由变换"工具，分别将图片拖曳到适当的位置并调整其大小，效果如图 5-61 所示。选择"椭圆"工具，在按住 Shift 键的同时，在适当的位置拖曳鼠标指针绘制一个圆形，如图 5-62 所示。

（3）选择"路径文字"工具，将鼠标指针移动到路径边缘，当指针变为 图标（见图 5-63）时，在路径上单击鼠标左键，输入需要的文字，如图 5-64 所示。选取输入的文字，在"控制"面板中选择合适的字体并设置文字大小，填充文字为白色，效果如图 5-65 所示。选择"选择"工具，选取路径文字，设置描边色为无，效果如图 5-66 所示。

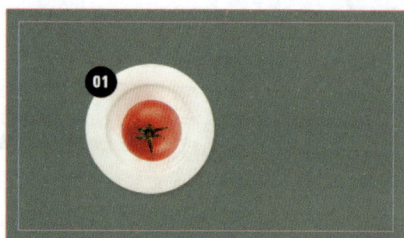

图 5-61

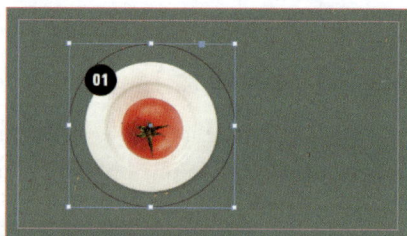

图 5-62

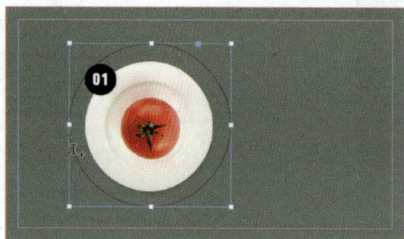

图 5-63

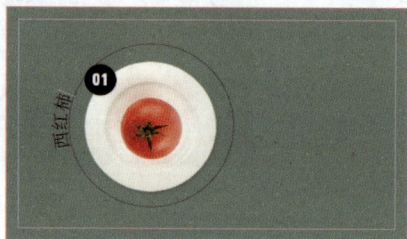

图 5-64

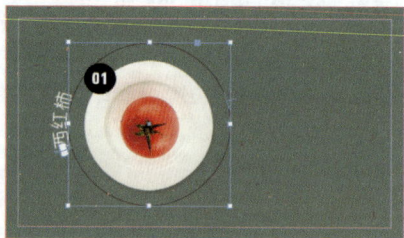

图 5-65

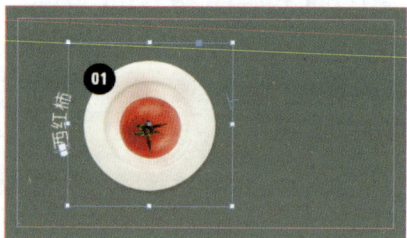

图 5-66

（4）选取并复制记事本文档中需要的文字，返回到 InDesign 中，选择"文字"工具 T，在适当的位置拖曳出一个文本框，将复制的文字粘贴到文本框中。选取输入的文字，在"控制"面板中选择合适的字体并设置文字大小，效果如图 5-67 所示。在"控制"面板中将"行距"下拉列表 ⛲ (14.4 点) 设为 12 点，按 Enter 键，填充文字为白色，取消文字的选取状态，效果如图 5-68 所示。

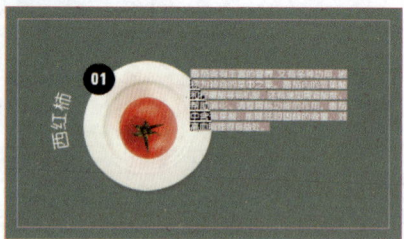

图 5-67

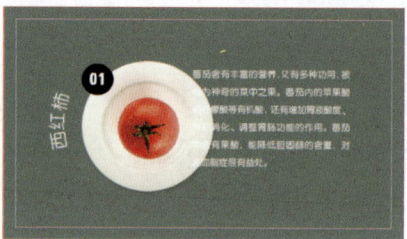

图 5-68

（5）选择"选择"工具 ▶，选取路径文字，选择"窗口 > 文本绕排"命令，弹出"文本绕排"面板。单击"沿对象形状绕排"按钮 ▣，其他选项的设置如图 5-69 所示。按 Enter 键，绕排效果如图 5-70 所示。蔬菜卡制作完成，效果如图 5-71 所示。

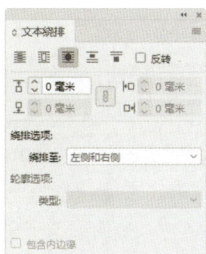
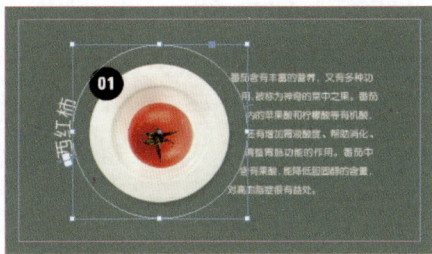

图 5-69 　　　　　　　　　　图 5-70 　　　　　　　　　　图 5-71

5.2.4 　【相关知识】

1．文本绕排

◎ 设置"文本绕排"面板

选择"选择"工具，选取需要的图片，如图 5-72 所示。选择"窗口 > 文本绕排"命令，弹出"文本绕排"面板，如图 5-73 所示。单击需要的绕排按钮，制作出的文本绕排效果如图 5-74 所示。

在绕排位移参数中输入正值，绕排将远离边缘；若输入负值，绕排边界将位于框架边缘内部。

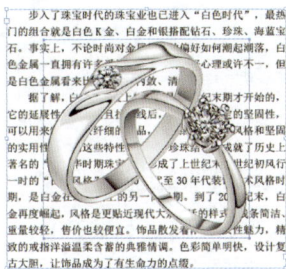
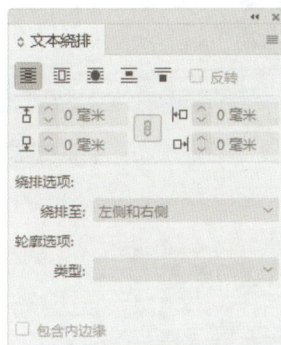

图 5-72 　　　　　　　　　　　　　　图 5-73

沿定界框绕排 　　　　　沿对象形状绕排 　　　　　上下型绕排 　　　　　下型绕排

图 5-74

◎ 沿对象形状绕排

当选取"沿对象形状绕排"时，"轮廓"选项被激活，可对绕排轮廓的"类型"进行选择。这种绕排形式通常是针对导入的图形来绕排文本。

选择"选择"工具，选取导入的图形，如图 5-75 所示。在"文本绕排"面板中单击"沿对象形状绕排"按钮，在"类型"选项中选择需要的命令，如图 5-76 所示。文本绕排效果如图 5-77 所示。

步入了珠宝时代的珠宝业也已进入"白色时代"，最热门的组合就是白色K金、白金和银搭配钻石、珍珠、海蓝宝石。事实上，不论时尚对金属颜色的偏好如何潮起潮落，白色金属一直拥有许多心理或许不一，但是白色金属看来比黄色金属内敛、清雅。

图 5-75

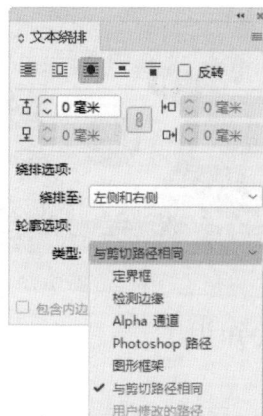

图 5-76

图 5-77

勾选"包含内边缘"复选框，如图 5-78 所示，可使文本显示在导入图形的内边缘，效果如图 5-79 所示。

图 5-78

图 5-79

2. 路径文字

在创建文本时，使用"路径文字"工具 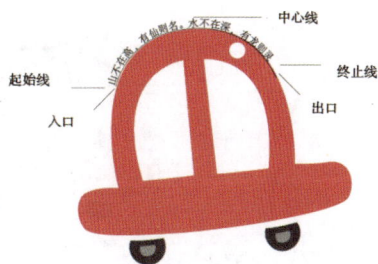 和"垂直路径文字"工具，可以将文本沿着一个开放或闭合路径的边缘按水平或垂直方向排列，路径可以是规则或不规则的。路径文字和其他文本框一样有入口和出口，如图 5-80 所示。

图 5-80

◎ 创建路径文字

选择"钢笔"工具，绘制一条路径，如图 5-81 所示。选择"路径文字"工具，将鼠标指针定位于路径上方，指针变为 图标，如图 5-82 所示。在路径上单击，如图 5-83 所示，输入需要的文本，效果如图 5-84 所示。

| 图 5-81 | 图 5-82 | 图 5-83 | 图 5-84 |

> **提示**
>
> 若路径是有描边的，在添加文字之后会保留描边。要隐藏路径，用"选择"工具或"直接选择"工具选取路径，将填充和描边颜色都设置为无即可。

◎ 编辑路径文字

选择"选择"工具，选取路径文字，如图 5-85 所示。将鼠标指针置于路径文字的起始线（或终止线）处，直到指针变为 图标，拖曳起始线（或终止线）至需要的位置，如图 5-86 所示。松开鼠标，改变路径文字的起始线位置，而终止线位置保持不变，效果如图 5-87 所示。

| 图 5-85 | 图 5-86 | 图 5-87 |

选择"选择"工具，选取路径文字，如图 5-88 所示。选择"文字 > 路径文字 > 选项"命令，弹出"路径文字选项"对话框，如图 5-89 所示。

在"效果"下拉列表中选择不同的选项可设置不同的效果，如图 5-90 所示。

 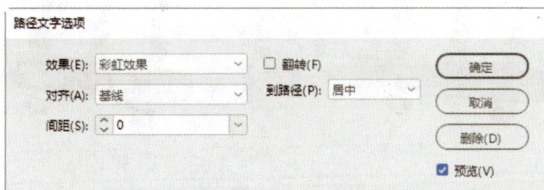

| 图 5-88 | 图 5-89 |

彩虹效果 倾斜效果

3D 带状效果 阶梯效果 重力效果

图 5-90

  "效果"下拉列表不变（以彩虹效果为例），可以在"对齐"下拉列表中选择不同的对齐方式，效果如图 5-91 所示。

  "对齐"下拉列表不变（以基线对齐为例），可以在"到路径"下拉列表中设置上、下或居中 3 种对齐参照，如图 5-92 所示。

全角字框上方 居中 全角字框下方

表意字框上方 表意字框下方 基线

图 5-91

上 下 居中

图 5-92

"间距"下拉列表用于调整字符沿弯曲较大的曲线或锐角散开时的补偿,对于直线上的字符没有作用。"间距"下拉列表中的数值可以是正值,也可以是负值,效果如图 5-93 所示。

选择"选择"工具 ▶,选取路径文字,如图 5-94 所示。将鼠标指针置于路径文字的中心线处,直到指针变为 ▶‡图标,拖曳中心线至内部,如图 5-95 所示。松开鼠标,效果如图 5-96 所示。

选择"文字 > 路径文字 > 选项"命令,弹出"路径文字选项"对话框,勾选"翻转"复选框,可将文字翻转。

| 0 | 负值 | 正值 |

图 5-93

图 5-94

图 5-95

图 5-96

3. 从文本创建路径

在 InDesign CC 2019 中,将文本转换为轮廓后,可以像对其他图形对象一样进行编辑和操作。通过这种方式,可以创建多种特殊文字效果。

◎ 将文本转为路径

选择"直接选择"工具 ▷,选取需要的文本框,如图 5-97 所示。选择"文字 > 创建轮廓"命令,或按 Ctrl+Shift+O 组合键,文本会转换为路径,效果如图 5-98 所示。

选择"文字"工具 T,选取需要的一个或多个字符,如图 5-99 所示。选择"文字 > 创建轮廓"命令,或按 Ctrl+Shift+O 组合键,字符会转换为路径。选择"直接选择"工具 ▷ 可选取转换后的文字,如图 5-100 所示。

图 5-97

图 5-98

图 5-99

图 5-100

◎ 创建文本外框

选择"直接选择"工具 ▷,选取转换后的文字,如图 5-101 所示。拖曳需要的锚点到适当的位置,可创建不规则的文本外框，如图 5-102 所示。

选择"选择"工具 ▶，选取一张置入的图片，如图 5-103 所示。按 Ctrl+X 组合键，将其剪切。选择"选择"工具 ▶，选取转换为轮廓的文字，如图 5-104 所示。选择"编辑 > 贴入内部"命令，将图片贴入转换后的文字中，效果如图 5-105 所示。

图 5-101 图 5-102

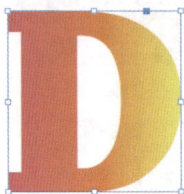

图 5-103 图 5-104 图 5-105

选择"选择"工具 ▶，选取转换为轮廓的文字，如图 5-106 所示。选择"文字"工具 T，将鼠标指针置于路径内部单击，如图 5-107 所示，输入需要的文字，效果如图 5-108 所示。取消填充后的效果如图 5-109 所示。

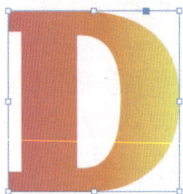
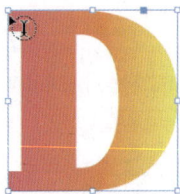

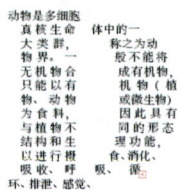

图 5-106 图 5-107 图 5-108 图 5-109

5.2.5 【实战演练】制作糕点宣传单内页

5.2.5实战演练

制作糕点
宣传单内页

5.3 综合演练——制作飞机票宣传单

5.3综合演练

制作飞机票
宣传单1

制作飞机票
宣传单2

06

第 6 章
处理图像

InDesign CC 2019 支持多种图像格式，可以很方便地与多种应用软件协同工作，本章重点讲解在 InDesign CC 2019 中如何处理图像以及通过"链接"面板和"库"面板管理图像文件的方法和技巧。通过本章的学习，读者可以了解并掌握图像的导入方法，并能熟练应用"链接"面板和"库"面板。

知识目标

- ✓ 熟练掌握置入图像的方法
- ✓ 掌握嵌入图像的方法
- ✓ 掌握管理链接的方法

能力目标

- ✳ 掌握茶叶海报的制作方法
- ✳ 掌握照片模板的制作方法
- ✳ 掌握新年卡片的制作方法

素质目标

- ⦿ 培养合理制订计划并有效落实的能力
- ⦿ 培养及时发现问题和解决问题的能力
- ⦿ 培养团队合作能力

6.1　制作茶叶海报

6.1.1　【案例分析】

本案例是设计制作茶叶海报，海报内容是介绍与茶叶相关的知识和鉴别方法。茶是我国的传统饮品，设计要求具有中国特色，突出"中国茶风"主题。

6.1.2　【设计理念】

首先使用大面积的黄色作为背景，增加海报的内涵与质感；然后使用茶叶与茶具等元素，在点明主旨的同时增加了画面的丰富感；最后采用大量的留白使海报看起来干净清爽，更好地体现茶的韵味。最终效果如图 6-1 所示（参看素材中的"Ch06 > 效果 > 制作茶叶海报 .indd"）。

图 6-1

制作茶叶
海报

6.1.3　【操作步骤】

（1）打开 InDesign CC 2019，选择"文件 > 新建 > 文档"命令，弹出"新建文档"对话框，设置如图 6-2 所示。单击"边距和分栏"按钮，弹出"新建边距和分栏"对话框，设置如图 6-3 所示。单击"确定"按钮，新建一个页面。选择"视图 > 其他 > 隐藏框架边缘"命令，将所绘制图形的框架边缘隐藏。

图 6-2

图 6-3

（2）选择"矩形"工具，在页面中绘制一个矩形，如图 6-4 所示。设置填充色的 CMYK 值为 0、11、25、0，填充图形，并设置描边色为无，效果如图 6-5 所示。

（3）选择"文件 > 置入"命令，弹出"置入"对话框，选择素材中的"Ch06 > 素材 > 制作茶叶海报 > 01"文件，单击"打开"按钮，在页面空白处单击鼠标左键置入图片。选择"自由变换"工具，将图片拖曳到适当的位置并调整其大小，效果如图 6-6 所示。

图 6-4

图 6-5

图 6-6

（4）选择"选择"工具，选择文字图片。在按住 Alt 键的同时，拖曳两次图片到适当的位置，复制两张图片并调整其大小，效果如图 6-7 所示。

（5）在按住 Shift 键的同时，将 3 张文字图片同时选取，如图 6-8 所示。选择"窗口 > 效果"命令，弹出"效果"面板，将"不透明度"下拉列表设为 10%，如图 6-9 所示，按 Enter 键，效果如图 6-10 所示。按 Ctrl+X 组合键，剪切图片。选取下方的底图并单击鼠标右键，在弹出的快捷菜单中选择"贴入内部"命令，将文字图片贴入底图内部，效果如图 6-11 所示。

图 6-7

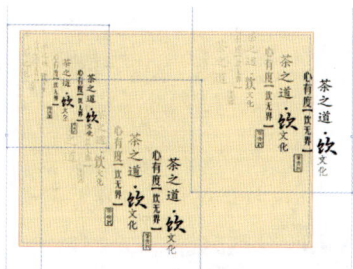

图 6-8

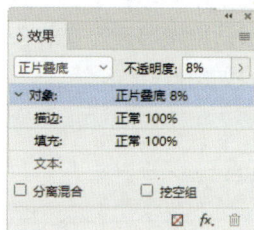

图 6-9

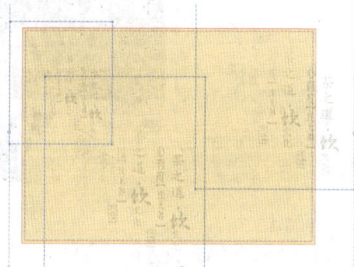

图 6-10

图 6-11

（6）选择"文件 > 置入"命令，弹出"置入"对话框。选择素材中的"Ch06 > 素材 > 制作茶叶海报 > 02~04"文件，单击"打开"按钮，在页面空白处分别单击鼠标左键置入图片。选择"自由变换"工具，将图片拖曳到适当的位置并调整其大小，效果如图 6-12 所示。

（7）选择"文字"工具，在适当的位置拖曳出一个文本框。输入需要的文字并选取文字，在

"控制"面板中选择合适的字体和文字大小，将"行距"下拉列表框 ⬍ 14.4 点 设置为 14 点，效果如图 6-13 所示。

（8）选择"文件 > 置入"命令，弹出"置入"对话框，选择素材中的"Ch06 > 素材 > 制作茶叶海报 > 05"文件，单击"打开"按钮，在页面空白处分别单击鼠标左键置入图片。选择"自由变换"工具 ⬚，将图片拖曳到适当的位置并调整其大小，效果如图 6-14 所示。茶叶海报制作完成。

图 6-12

图 6-13

图 6-14

6.1.4 【相关知识】

1. 置入图像

使用"置入"命令是将图形导入 InDesign 的主要方法，因为它可以在分辨率、文件格式、多页面 PDF 和颜色方面提供最高级别的支持。如果无须注重这些特性，则可以通过复制和粘贴操作将图形导入 InDesign 中。

在页面区域中未选取任何内容，如图 6-15 所示。选择"文件 > 置入"命令，弹出"置入"对话框，在对话框中选择需要的文件，如图 6-16 所示。单击"打开"按钮，在页面中单击鼠标左键置入图像，效果如图 6-17 所示。

图 6-15

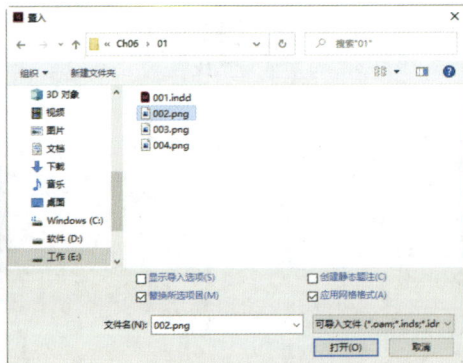
图 6-16

图 6-17

选择"选择"工具 ▶，在页面区域中选取图框，如图 6-18 所示。选择"文件 > 置入"命令，弹出"置入"对话框，在对话框中选择需要的文件，如图 6-19 所示。单击"打开"按钮，在页面中单击鼠标左键置入图像，效果如图 6-20 所示。

选择"选择"工具 ▶，在页面区域中选取图像，如图 6-21 所示。选择"文件 > 置入"命令，弹出"置入"对话框，在对话框中选择需要的文件，在对话框下方勾选"替换所选项目"复选框，如图 6-22 所示。单击"打开"按钮，在页面中单击鼠标左键置入图像，效果如图 6-23 所示。

图 6-18

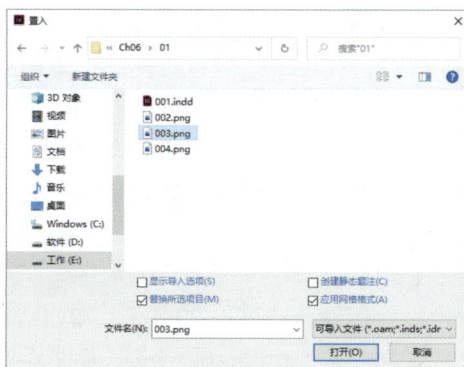
图 6-19

图 6-20

图 6-21

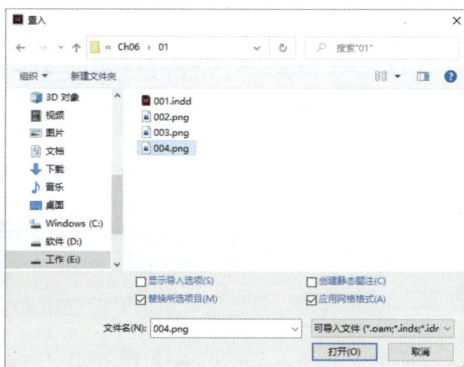
图 6-22

图 6-23

2. 管理链接和嵌入图像

在 InDesign CC 2019 中，置入图像有两种方式，即链接图像和嵌入图像。当采用链接图像的方式置入图像时，图像的原始文件并没有被真正地复制到文件中，而是 InDesign 为原始文件创建了一个链接（或称文件路径）；当采用嵌入图像方式置入图像时，会增加文件的大小并断开指向图像原始文件的链接。

◎ 关于"链接"面板

所有置入的图像文件都会被列在"链接"面板中。选择"窗口 > 链接"命令，弹出"链接"面板，如图 6-24 所示。

图 6-24

"链接"面板中链接图像显示状态的含义如下。

● 最新：最新的文件只显示图像的名称及其在 InDesign 文件中所处的页面。

● 修改：修改的图像文件会显示⚠图标。此图标意味着原始文件版本比 InDesign 文件中的版本新。

● 缺失：丢失的图像文件会显示❓图标。此图标表示图像不再位于导入时的位置，但仍存在于某个地方。如果在显示该图标的状态下打印或导出图像，则图像可能无法以全分辨率打印或导出。

● 嵌入：嵌入的图像文件显示🔗图标。嵌入链接图像会导致该链接的管理操作暂停。

◎ 使用"链接"面板

● 选取并将链接图像调入文件窗口中

在"链接"面板中选取一个链接图像，如图 6-25 所示。单击"转到链接"按钮🔲，或单击面板右上方的≡图标，在弹出的菜单中选择"转到链接"命令，如图 6-26 所示。选取并将链接的图像调入活动的文档窗口中，如图 6-27 所示。

图 6-25

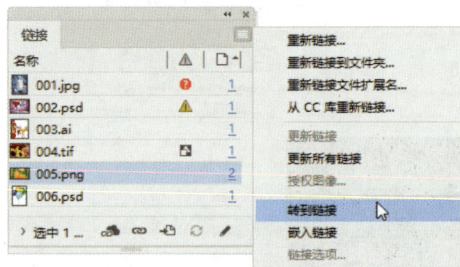

图 6-26

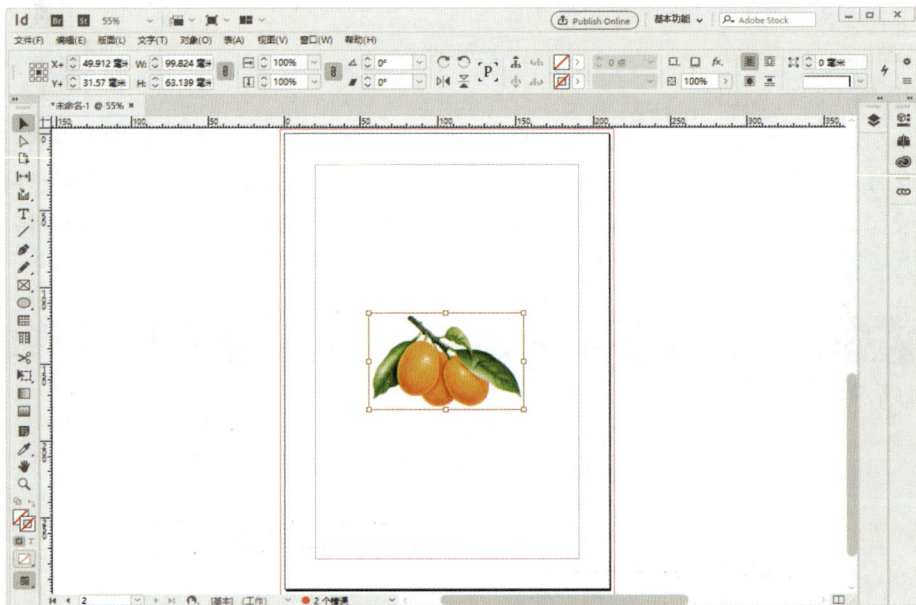

图 6-27

● 在原始应用程序中修改链接

在"链接"面板中选取一个链接图像，如图 6-28 所示。单击"编辑原稿"按钮✏，或单击面板右上方的≡图标，在弹出的菜单中选择"编辑原稿"命令，如图 6-29 所示，打开并编辑原图像文件，如图 6-30 所示。保存并关闭原图像文件，在 InDesign 中的效果如图 6-31 所示。

图 6-28

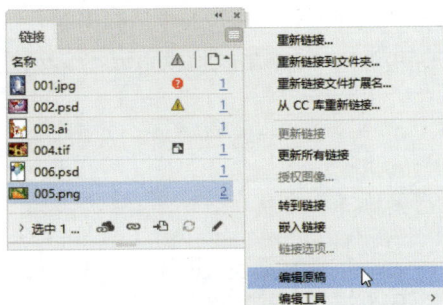

图 6-29

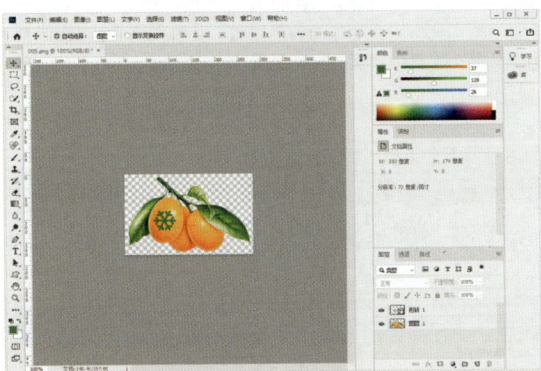

图 6-30

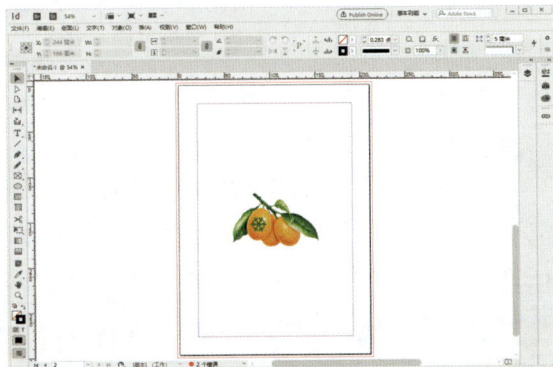

图 6-31

◎ 将图像嵌入文件

● 嵌入链接

在"链接"面板中选取一个链接图像，如图 6-32 所示。单击面板右上方的 ≡ 图标，在弹出的菜单中选择"嵌入链接"命令，如图 6-33 所示。图像文件名保留在"链接"面板中，并显示嵌入链接图标，如图 6-34 所示。

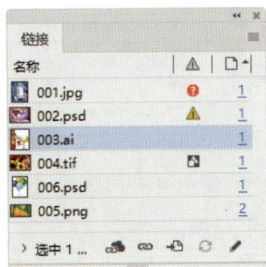

图 6-32

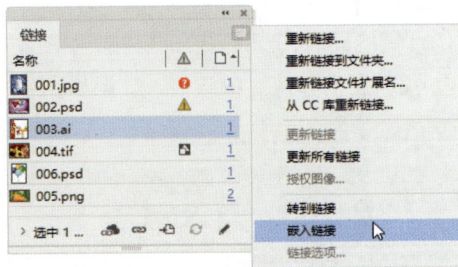

图 6-33

图 6-34

> **提示**　如果置入的位图图像小于或等于 48 KB，InDesign 将自动嵌入图像。如果图像没有链接，当原始文件发生更改时，"链接"面板不会发出警告，并且无法自动更新相应文件。

● 取消嵌入链接

在"链接"面板中选取一个嵌入的链接图像，如图 6-35 所示。单击面板右上方的 ≡ 图标，在弹出的菜单中选择"取消嵌入链接"命令，弹出图 6-36 所示的对话框。单击"是"按钮，将其链接至原图像文件，面板如图 6-37 所示；单击"否"按钮，将弹出"浏览文件夹"对话框，选取需要的图像链接。

图 6-35

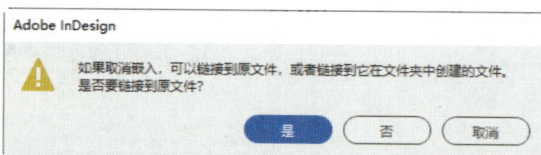
图 6-36

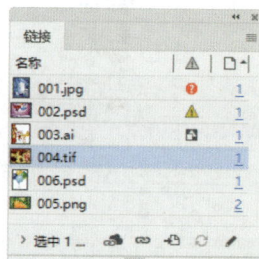
图 6-37

◎　更新、恢复和替换链接

●　更新修改过的链接

在"链接"面板中选取一个或多个带有修改链接图标⚠的链接，如图 6-38 所示。单击面板下方的"更新链接"按钮⟳，或单击面板右上方的☰图标，在弹出的菜单中选择"更新链接"命令（见图 6-39）更新选取的链接，面板如图 6-40 所示。

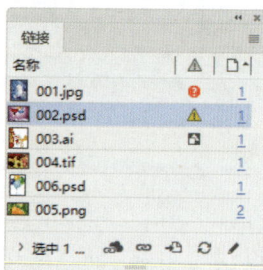
图 6-38

图 6-39

图 6-40

●　一次更改多个修改过的链接

在"链接"面板中，在按住 Ctrl 键的同时，选取需要的链接，如图 6-41 所示。单击面板下方的"更新链接"按钮⟳（见图 6-42），更新所有修改过的链接，效果如图 6-43 所示。

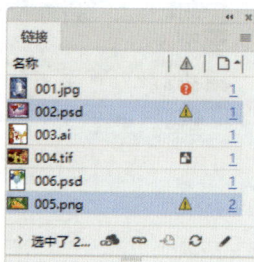
图 6-41

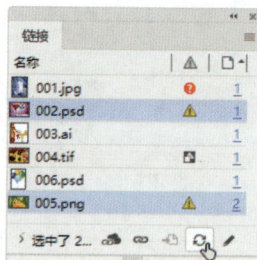
图 6-42

图 6-43

在"链接"面板中，选取一个带有修改链接图标⚠的链接，如图 6-44 所示。单击面板右上方的☰图标，在弹出的菜单中选择"更新所有链接"命令，更新所有修改过的链接，效果如图 6-45 所示。

图 6-44

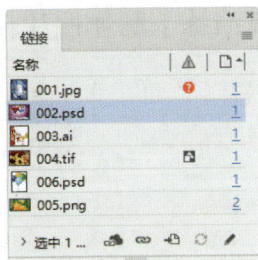

图 6-45

● 恢复丢失的链接或用不同的源文件替换链接

在"链接"面板中选取一个或多个带有丢失链接图标 ❓ 的链接，如图 6-46 所示。单击"重新链接"按钮 🔗，或单击面板右上方的 ☰ 图标，在弹出的菜单中选择"重新链接"命令，如图 6-47 所示，弹出"定位"对话框。选取要重新链接的图像文件，单击"打开"按钮，文件重新链接，面板如图 6-48 所示。

图 6-46

图 6-47

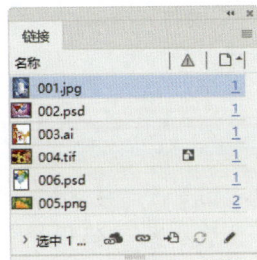

图 6-48

在"链接"面板中选取任意链接，如图 6-49 所示。单击"重新链接"按钮 🔗，或单击面板右上方的 ☰ 图标，在弹出的菜单中选择"重新链接"命令，如图 6-50 所示，弹出"重新链接"对话框。选取要重新链接的图像文件，单击"打开"按钮，面板如图 6-51 所示。

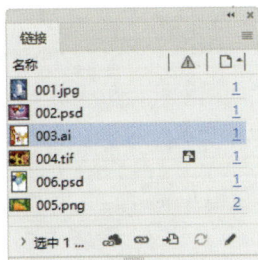

图 6-49

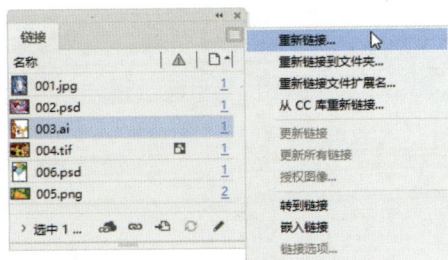

图 6-50

图 6-51

提示

如果所有的缺失文件位于相同的文件夹中，则可以一次恢复所有缺失文件。首先选择所有缺失的链接（或不选择任何链接），然后恢复其中的一个链接，其余的所有缺失链接将自动恢复。

6.1.5   【实战演练】制作照片模板

6.1.5实战演练

制作照片
模板

6.2   综合演练——制作新年卡片

6.2综合演练

制作新年
卡片

07

第 7 章
版式编排

在 InDesign CC 2019 中，可以便捷地设置字符的格式和段落的样式，本章主要介绍在 InDesign CC 2019 中如何进行版式编排。通过本章的学习，读者可以了解字符和段落格式控制、设置项目符号和编号及使用制表符的方法和技巧，并能熟练掌握"字符样式"和"段落样式"面板的操作方法，为今后进行版式编排打下良好的基础。

知识目标

✔ 熟练掌握字符格式控制的方法
✔ 掌握段落格式控制的方法
✔ 掌握制表符的使用方法
✔ 掌握字符样式和段落样式的设置

能力目标

✳ 掌握购物招贴的制作方法
✳ 掌握青春向上招贴的制作方法
✳ 掌握台历的制作方法
✳ 掌握数码相机广告的制作方法
✳ 掌握红酒广告的制作方法

素质目标

⊙ 培养责任意识
⊙ 培养勤于练习的习惯
⊙ 培养清晰的文字表达能力

7.1 制作购物招贴

7.1.1 【案例分析】

七尚家是一个大型的购物中心，"简约、时尚、人性化"风格。暑期来临之际，商家推出优惠活动，本案例是为其设计一款购物招贴，要求作品在展现购物中心特色的同时，突出优惠活动力度，起到宣传作用。

7.1.2 【设计理念】

选择黄色条纹的背景烘托欢乐的氛围；以红色为主色调，突出优惠活动主题；运用宣传标语和人物图片展示购物中心的特色，最终效果如图7-1所示（参看素材中的"Ch07 > 效果 > 制作购物招贴.indd"）。

| 制作购物招贴1 | 制作购物招贴2 | 制作购物招贴3 |

图 7-1

7.1.3 【操作步骤】

1. 添加并编辑标题文字

（1）打开 InDesign CC 2019，选择"文件 > 新建 > 文档"命令，弹出"新建文档"对话框，设置如图7-2所示。单击"边距和分栏"按钮，弹出"新建边距和分栏"对话框，设置如图7-3所示。单击"确定"按钮，新建一个页面。选择"视图 > 其他 > 隐藏框架边缘"命令，将所绘制图形的框架边缘隐藏。

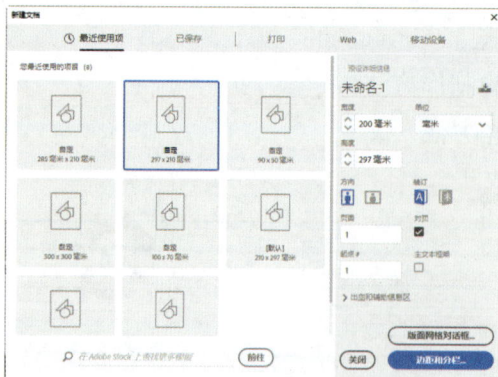

图 7-2

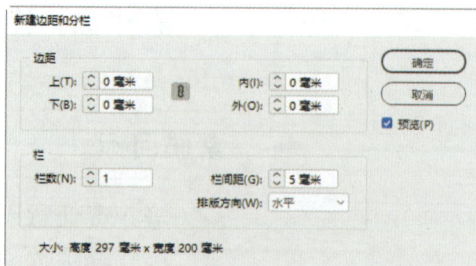

图 7-3

（2）选择"文件 > 置入"命令，弹出"置入"对话框。选择素材中的"Ch07 > 素材 > 制作购物招贴 > 01"文件，单击"打开"按钮，在页面空白处单击鼠标左键置入图片。选择"自由变换"工具 ，将图片拖曳到适当的位置并调整其大小。选择"选择"工具 ，裁剪图片，效果如图 7-4 所示。

（3）选择"文字"工具 T ，在页面中拖曳出一个文本框，输入需要的文字。选取输入的文字，在"控制"面板中选择合适的字体并设置文字大小，填充文字为白色，效果如图 7-5 所示。

图 7-4

图 7-5

（4）保持文字的选取状态。在"控制"面板中将"垂直缩放"下拉列表 IT ◇ 100% 设为130%，按 Enter 键，效果如图 7-6 所示。选择"选择"工具 ，在"控制"面板中将"不透明度"下拉列表 100% 设为 60%，按 Enter 键，效果如图 7-7 所示。

图 7-6

图 7-7

（5）取消选取状态。按 Ctrl+D 组合键，弹出"置入"对话框。选择素材中的"Ch07 > 素材 > 制作购物招贴 > 02"文件，单击"打开"按钮。在页面空白处单击鼠标左键置入图片，并拖曳图片到适当的位置，效果如图 7-8 所示。

（6）选择"文字"工具 T ，在页面中拖曳出文本框，输入需要的文字。分别选取输入的文字，在"控制"面板中选择合适的字体并设置文字大小，效果如图 7-9 所示。

（7）选择"选择"工具 ，在按住 Shift 键的同时，选取输入的文字，单击工具箱中的"格式针对文本"按钮 T ，设置文字填充色的 CMYK 值为 35、100、100、0，填充文字，效果如图 7-10 所示。

图 7-8

图 7-9

图 7-10

（8）选择"文字"工具 T ，选取需要的文字，如图 7-11 所示。在"控制"面板中将"字符间距"下拉列表 VA ◇ 0 设为 -25，按 Enter 键，效果如图 7-12 所示。选择"选择"工具 ，在按住

Shift 键的同时，选取文字，如图 7-13 所示。

（9）选择"窗口 > 对象和版面 > 对齐"命令，弹出"对齐"面板。单击"左对齐"按钮，如图 7-14 所示，对齐效果如图 7-15 所示。在"控制"面板中将"旋转角度"下拉列表设为 15°，按 Enter 键，旋转文字，并将其拖曳到适当的位置，效果如图 7-16 所示。

图 7-11

图 7-12

图 7-13

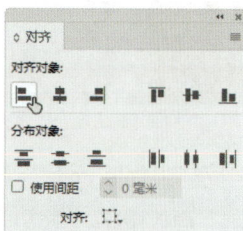
图 7-14

图 7-15

图 7-16

2．添加宣传性文字

（1）使用上述方法添加其他宣传文字，效果如图 7-17 所示。选择"文字"工具，选取需要的文字，如图 7-18 所示。单击"控制"面板中的"下划线"按钮，取消选取状态，效果如图 7-19 所示。

（2）选择"文字"工具，分别选取数字"2000""302""1000""152"，设置文字填充色的 CMYK 值为 35、100、100、0，填充文字，效果如图 7-20 所示。使用"文字"工具，选取数字"2"，如图 7-21 所示。单击"控制"面板中的"上标"按钮，效果如图 7-22 所示。

图 7-17

图 7-18

图 7-19

图 7-20

图 7-21

图 7-22

（3）用相同的方法将另一数字设置为上标，效果如图 7-23 所示。按 Ctrl+D 组合键，弹出"置入"对话框。选择素材中的"Ch07 > 素材 > 制作购物招贴 > 03"文件，单击"打开"按钮。在页面空白处单击鼠标左键置入图片，拖曳图片到适当的位置并调整其大小，效果如图 7-24 所示。

（4）保持图片的选取状态，在"控制"面板上将"旋转角度"下拉列表 ⚬ 0° ⌄ 设为 15°，按 Enter 键，效果如图 7-25 所示。连续按 Ctrl+[组合键，将图片后移至文字的后方，效果如图 7-26 所示。

| 图 7-23 | 图 7-24 | 图 7-25 | 图 7-26 |

（5）选择"文字"工具 T，在页面中拖曳出文本框，输入需要的文字。分别选取输入的文字，在"控制"面板中选择合适的字体并设置文字大小。选择"选择"工具 ▶，在按住 Shift 键的同时，选取输入的文字。单击工具箱中的"格式针对文本"按钮 T，设置文字填充色的 CMYK 值为 35、100、100、0，填充文字，效果如图 7-27 所示。

（6）选择"文字"工具 T，选取需要的文字，如图 7-28 所示。在"控制"面板中将"字符间距"下拉列表 ⚬ 0 ⌄ 设为 -50，按 Enter 键，效果如图 7-29 所示。

| 图 7-27 | 图 7-28 | 图 7-29 |

（7）用相同的方法将下方英文的"字符间距"下拉列表 ⚬ 0 ⌄ 设为 25，按 Enter 键，效果如图 7-30 所示。选择"选择"工具 ▶，在按住 Shift 键的同时，将两行英文同时选取，如图 7-31 所示。在"控制"面板中将"旋转角度"下拉列表 ⚬ 0° ⌄ 设为 15°，按 Enter 键，效果如图 7-32 所示。

（8）按 Ctrl+D 组合键，弹出"置入"对话框。选择素材中的"Ch07 > 素材 > 制作购物招贴 > 04"文件，单击"打开"按钮。在页面空白处单击鼠标左键置入图片，拖曳图片到适当的位置并调整其大小，效果如图 7-33 所示。

| 图 7-30 | 图 7-31 | 图 7-32 | 图 7-33 |

（9）选择"矩形"工具█，在页面中拖曳鼠标指针绘制矩形。设置图形填充色的 CMYK 值为 35、100、100、0，填充矩形，并设置描边色为无，效果如图 7-34 所示。在适当的位置再次拖曳鼠标指针绘制矩形，填充矩形为白色，并设置描边色为无，效果如图 7-35 所示。

图 7-34

图 7-35

（10）选择"选择"工具▶，在按住 Shift 键的同时，将红色矩形和白色矩形同时选取，单击"对齐"面板中的"垂直居中对齐"按钮█，对齐效果如图 7-36 所示。按 Ctrl+G 组合键，将其编组，并将编组图形拖曳到页面中适当的位置，效果如图 7-37 所示。在按住 Shift 键的同时，单击背景图片，将背景图片和编组图形同时选取，单击"对齐"面板中的"水平居中对齐"按钮█，对齐效果如图 7-38 所示。

图 7-36

图 7-37

图 7-38

3．制作标志

（1）选择"椭圆"工具█，在按住 Shift 键的同时，在页面中拖曳鼠标指针绘制圆形，如图 7-39 所示。双击"多边形"工具█，弹出"多边形设置"对话框，选项的设置如图 7-40 所示。单击"确定"按钮，在按住 Shift 键的同时，在页面中拖曳鼠标指针，绘制两个多边形图形，效果如图 7-41 所示。

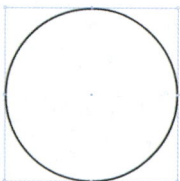

图 7-39

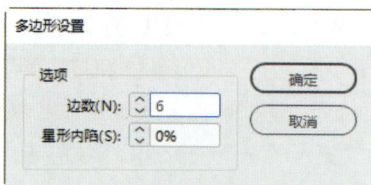

图 7-40

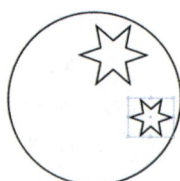

图 7-41

（2）选择"选择"工具▶，用圈选的方法将圆形和多边形同时选取，如图 7-42 所示。选择"窗口 > 对象和版面 > 路径查找器"命令，弹出"路径查找器"面板，单击"减去"按钮█，如图 7-43 所示，生成新的对象，效果如图 7-44 所示。

图 7-42

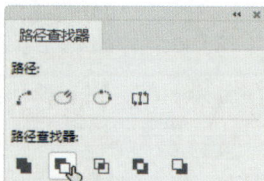

图 7-43

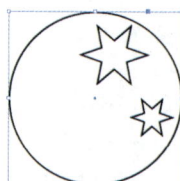

图 7-44

（3）保持图形的选取状态。双击"渐变色板"工具 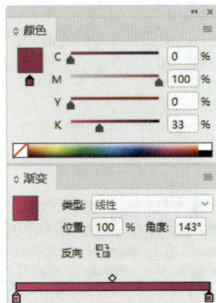，弹出"渐变"面板。在"类型"选项的下拉列表中选择"线性"，在色带上选中左侧的渐变色标，设置 CMYK 的值为 0、100、0、0；选中右侧的渐变色标，设置 CMYK 的值为 0、100、0、30，其他选项的设置如图 7-45 所示。在图形上拖曳鼠标指针，如图 7-46 所示，填充渐变色，并设置描边色为无，效果如图 7-47 所示。

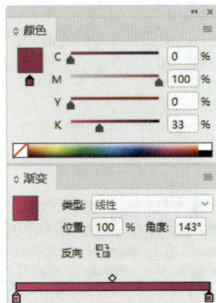

图 7-45

图 7-46

图 7-47

（4）选择"文字"工具 T，在页面中拖曳出文本框，输入需要的文字。选取输入的文字，在"控制"面板中选择合适的字体并设置文字大小，效果如图 7-48 所示。使用"文字"工具 T，选取需要的文字，在"控制"面板中选择合适的字体并设置文字大小，效果如图 7-49 所示。

图 7-48

图 7-49

（5）使用"文字"工具 T，再次选取需要的文字，在"控制"面板中将"基线偏移"下拉列表 设为 –5 点，按 Enter 键，效果如图 7-50 所示。在文字下方拖曳出文本框，输入需要的文字。选取输入的文字，在"控制"面板中选择合适的字体并设置文字大小，效果如图 7-51 所示。

图 7-50

图 7-51

（6）选择"选择"工具 ▶，用圈选的方法将图形和文字同时选取。按 Ctrl+G 组合键，将其编组，如图 7-52 所示，并将编组的图形拖曳到适当的位置，效果如图 7-53 所示。

图 7-52

图 7-53

（7）选择"文字"工具 T，在页面中拖曳出文本框，输入需要的文字。选取输入的文字，在"控制"面板中选择合适的字体并设置文字大小，效果如图 7-54 所示。在"控制"面板中将"字符间距"下拉列表 设为 50，按 Enter 键。单击"右对齐"按钮 ，对齐效果如图 7-55 所示。

图 7-54

图 7-55

（8）选择"直线"工具 ，在按住 Shift 键的同时，在适当的位置拖曳鼠标指针绘制直线。在"控制"面板中将"描边粗细"下拉列表 0.283 点 设为 2 点，按 Enter 键，改变直线的粗细，并将描边色设为白色，效果如图 7-56 所示。

（9）选择"文字"工具 T，在页面中拖曳文本框，输入需要的文字。选取输入的文字，在"控制"面板中选择合适的字体并设置文字大小，如图 7-57 所示。

图 7-56

图 7-57

（10）保持文字的选取状态，按 Ctrl+T 组合键，弹出"字符"面板，将"垂直缩放"下拉列表 100% 设为 150%，"字符间距"下拉列表 0 设为 5，其他选项的设置如图 7-58 所示。按 Enter 键，效果如图 7-59 所示。

（11）在页面空白处单击，取消文字的选取状态，购物招贴制作完成，效果如图 7-60 所示。

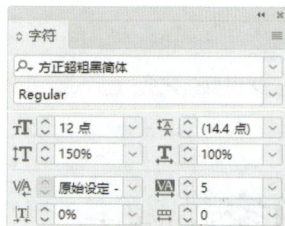
图 7-58

图 7-59

图 7-60

7.1.4 【相关知识】

1. 字符格式控制

在 InDesign CC 2019 中，可以通过"控制"面板和"字符"面板设置字符的格式。这些格式包括文字的字体、字号、颜色、字符间距等。

选择"文字"工具 T，"控制"面板如图 7-61 所示。

选择"窗口 > 文字和表 > 字符"命令或按 Ctrl+T 组合键，弹出"字符"面板，如图 7-62 所示。

◎ 设置字体

字体是版式编排中最基础、最重要的组成部分。下面具体介绍设置字体和复合字体的方法。

选择"文字"工具 T，选择要更改的文字，如图 7-63 所示。在"控制"面板中单击"字体"选项右侧的按钮 ，在弹出的下拉列表中选择一种样式，如图 7-64 所示。取消选取状态，效果如图 7-65 所示。

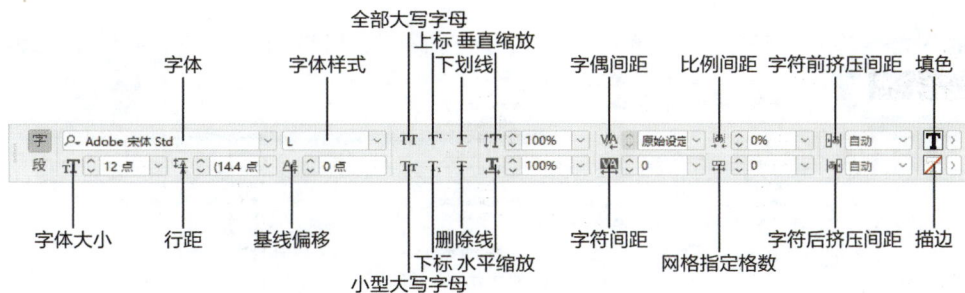

图 7-61

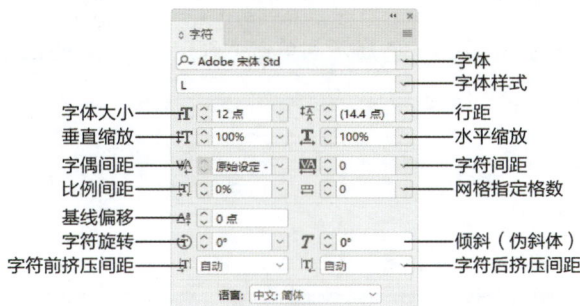

图 7-62

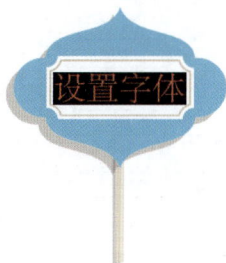

图 7-63

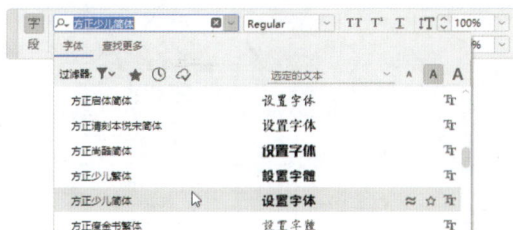

图 7-64

图 7-65

选择"文字"工具 T，选择要更改的文本，如图 7-66 所示。选择"窗口 > 文字和表 > 字符"命令，或按 Ctrl+T 组合键，弹出"字符"面板。单击"字体"选项右侧的按钮 ，从弹出的下拉列表中选择一种需要的字体样式，如图 7-67 所示。取消选取状态，效果如图 7-68 所示。

图 7-66

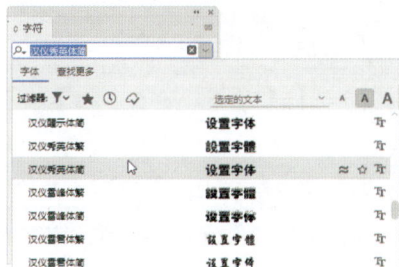

图 7-67

图 7-68

选择"文字"工具 T，选择要更改的文本，如图 7-69 所示。选择"文字 > 字体"命令，在弹出的子菜单中选择一种需要的字体，如图 7-70 所示。效果如图 7-71 所示。

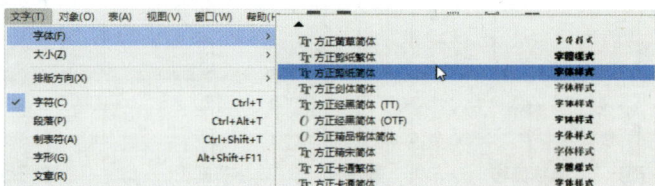

图 7-69　　　　　　　　　　　　　　图 7-70　　　　　　　　　　　　　　图 7-71

选择"文字 > 复合字体"命令，或按 Ctrl+Alt+Shift+F 组合键，弹出"复合字体编辑器"对话框，如图 7-72 所示。单击"新建"按钮，弹出"新建复合字体"对话框，如图 7-73 所示，在"名称"文本框中输入复合字体的名称，如图 7-74 所示。单击"确定"按钮，返回到"复合字体编辑器"对话框中，在列表框下方选取字体，如图 7-75 所示。

图 7-72

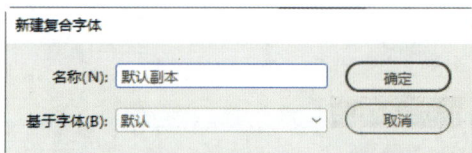

图 7-73

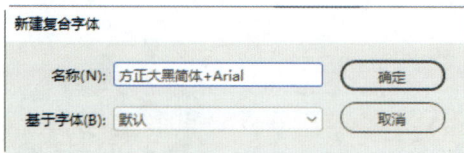

图 7-74

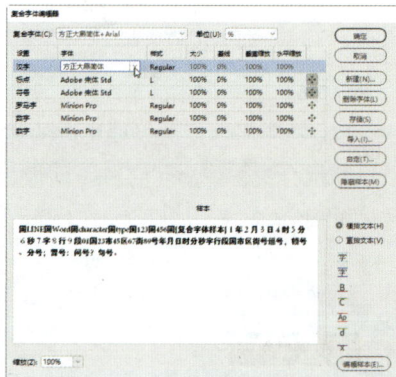

图 7-75

单击列表框中的其他选项，分别设置需要的字体，如图 7-76 所示。单击"存储"按钮，将复合字体存储，再单击"确定"按钮，复合字体制作完成，在字体列表的最上方显示，如图 7-77 所示。

在"复合字体编辑器"对话框的右侧，可进行以下操作。

● 单击"导入"按钮，可导入其他文本中的复合字体。

● 选取不需要的复合字体，单击"删除字体"按钮，可删除复合字体。

● 选择"横排文本"或"直排文本"单选项可切换样本文本的文本方向，使其以水平或垂直方式显示。还可以选择"显示"或"隐藏"指示表意字框、全角字框、基线等彩线。

图 7-76

图 7-77

◎ 设置行距

选择"文字"工具 T，选择要更改行距的文本，如图 7-78 所示。在"控制"面板中的"行距"下拉列表中输入需要的数值后，按 Enter 键确定操作。取消文字的选取状态，效果如图 7-79 所示。

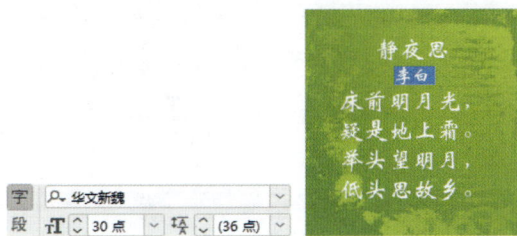

图 7-78

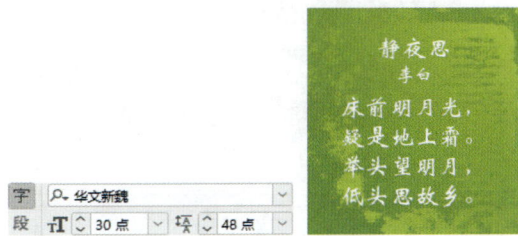

图 7-79

选择"文字"工具 T，选择要更改的文本，如图 7-80 所示。"字符"面板如图 7-81 所示，在"行距"下拉列表文本框中输入需要的数值，如图 7-82 所示，按 Enter 键确定操作。取消文字的选取状态，效果如图 7-83 所示。

图 7-80

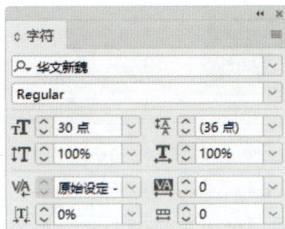

图 7-81

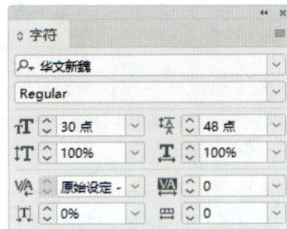

图 7-82

图 7-83

◎ 调整字偶间距和字符间距

选择"文字"工具 T，在需要的位置单击，如图 7-84 所示。在"控制"面板中的"字偶间距"下拉列表中输入需要的数值，如图 7-85 所示，按 Enter 键确定操作。取消文字的选取状态，效果如图 7-86 所示。

图 7-84

图 7-85

图 7-86

> **提示**
>
> 选择"文字"工具 [T]，在需要的位置单击，在按住 Alt 键的同时，按向左（或向右）方向键可减小（或增大）两个字符之间的字偶间距。

选择"文字"工具 [T]，选择需要的文本，如图 7-87 所示。在"控制"面板中的"字符间距"下拉列表中输入需要的数值，如图 7-88 所示，按 Enter 键确定操作。取消文字的选取状态，效果如图 7-89 所示。

> **提示**
>
> 选择"文字"工具 [T]，选择需要的文本，按住 Alt 键的同时，按向左（或向右）方向键可减小（或增大）字符间距。

图 7-87

图 7-88

图 7-89

◎ 设置基线偏移

选择"文字"工具 [T]，选择需要的文本，如图 7-90 所示。在"控制"面板中的"基线偏移"下拉列表文本框中输入需要的数值，正值将使该字符的基线移动到这一行中其余字符基线的上方，如图 7-91 所示；负值将使该字符移动到这一行中其余字符基线的下方，如图 7-92 所示。

图 7-90

图 7-91

图 7-92

> **提示**
>
> 在"基线偏移"下拉列表中单击，按向上（或向下）方向键可增大（或减小）基线偏移值。在按住 Shift 键的同时，再按向上或向下方向键，可以按更大的增量（或减量）更改基线偏移值。

◎ 设置字符上标或下标

选择"文字"工具 [T]，选择需要的文本，如图 7-93 所示。在"控制"面板中单击"上标"按

钮 $\boxed{T}$ ，如图 7-94 所示，选取的文本变为上标。取消文字的选取状态，效果如图 7-95 所示。

图 7-93   图 7-94   图 7-95

选择"文字"工具 $\boxed{T}$ ，选择需要的文本，如图 7-96 所示。在"字符"面板中单击右上方的 ☰ 图标，在弹出的菜单中选择"下标"命令，如图 7-97 所示，选取的文本变为下标。取消文字的选取状态，效果如图 7-98 所示。

图 7-96   图 7-97   图 7-98

◎ 设置下划线和删除线

选择"文字"工具 $\boxed{T}$ ，选择需要的文本，如图 7-99 所示。在"控制"面板中单击"下划线"按钮 $\boxed{T}$ ，如图 7-100 所示，为选取的文本添加下划线。取消文字的选取状态，效果如图 7-101 所示。

图 7-99   图 7-100   图 7-101

选择"文字"工具 $\boxed{T}$ ，选择需要的文本，如图 7-102 所示。在"字符"面板中单击右上方的 ☰ 图标，在弹出的菜单中选择"删除线"命令，如图 7-103 所示，为选取的文本添加删除线。取消文字的选取状态，效果如图 7-104 所示。下划线和删除线的默认粗细、颜色取决于文字的大小和颜色。

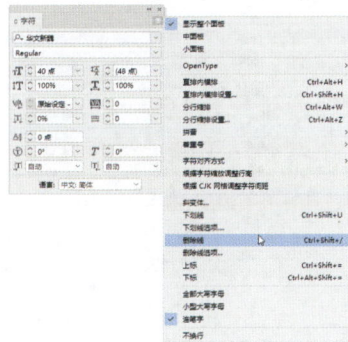

图 7-102   图 7-103   图 7-104

◎ 缩放文字

选择"选择"工具▶，选取需要的文本框，如图 7-105 所示。按 Ctrl+T 组合键，弹出"字符"面板，在"垂直缩放"下拉列表 IT ⌄ 100% ⌄ 中输入需要的数值，如图 7-106 所示。按 Enter 键确定操作，垂直缩放文字。取消文本框的选取状态，效果如图 7-107 所示。

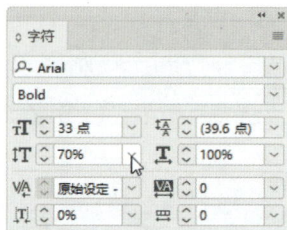

图 7-105   图 7-106   图 7-107

选择"选择"工具▶，选取需要的文本框，如图 7-108 所示。在"字符"面板中的"水平缩放"下拉列表 T ⌄ 100% ⌄ 中输入需要的数值，如图 7-109 所示。按 Enter 键确定操作，水平缩放文字。取消文本框的选取状态，效果如图 7-110 所示。

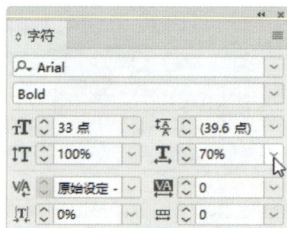

图 7-108   图 7-109   图 7-110

选择"文字"工具 T，选择需要的文字。在"控制"面板的"垂直缩放"下拉列表 IT ⌄ 100% ⌄ 或"水平缩放"下拉列表 T ⌄ 100% ⌄ 中分别输入需要的数值，也可缩放文字。

◎ 旋转文字

选择"选择"工具▶，选取需要的文本框，如图 7-111 所示。按 Ctrl+T 组合键，弹出"字符"面板，在"字符旋转"下拉列表 ⌖ ⌄ 0° ⌄ 中输入需要的数值，如图 7-112 所示。按 Enter 键确定操作，旋转文字。取消文本框的选取状态，效果如图 7-113 所示。输入负值可以向右（顺时针）旋转字符。

图 7-111   图 7-112   图 7-113

◎ 倾斜文字

选择"选择"工具▶，选取需要的文本框，如图 7-114 所示。按 Ctrl+T 组合键，弹出"字符"

面板，在"倾斜"下拉列表 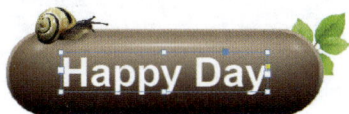 中输入需要的数值，如图 7-115 所示。按 Enter 键确定操作，倾斜文字。取消文本框的选取状态，效果如图 7-116 所示。

图 7-114 　　　　　　　　　　图 7-115 　　　　　　　　　　图 7-116

◎ 调整字符前后的间距

选择"文字"工具 ，选择需要的字符，如图 7-117 所示。在"控制"面板中的"比例间距"下拉列表  中输入需要的数值，如图 7-118 所示。按 Enter 键确定操作，可调整字符的前后间距。取消文字的选取状态，效果如图 7-119 所示。

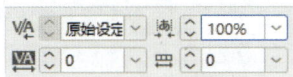

图 7-117 　　　　　　　　　　图 7-118 　　　　　　　　　　图 7-119

调整"控制"面板或"字符"面板中的"字符前挤压间距"下拉列表 和"字符后挤压间距"下拉列表 ，也可调整字符前后的间距。

2. 段落格式控制

在 InDesign CC 2019 中，可以通过"控制"面板和"段落"面板设置段落的格式。这些格式包括段落间距、首字下沉、段前间距和段后间距等。

选择"文字"工具 ，单击"控制"面板中的"段落格式控制"按钮 ，如图 7-120 所示。

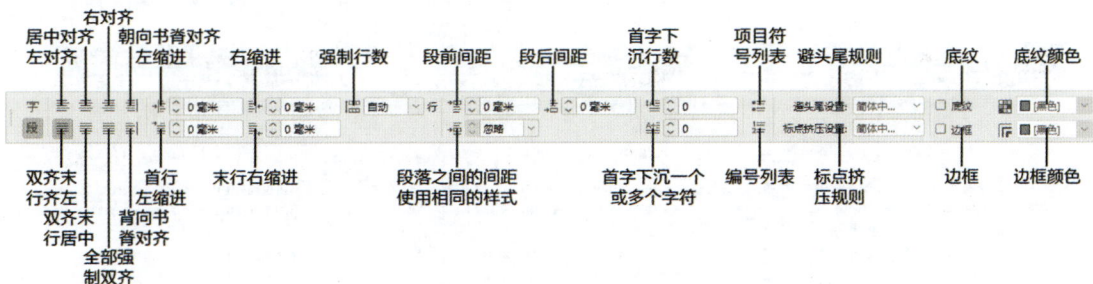

图 7-120

选择"窗口 > 文字和表 > 段落"命令或按 Ctrl+Alt+T 组合键，弹出"段落"面板，如图 7-121 所示。

◎ 对齐文本

选择"选择"工具 ，选取需要的文本框，如图 7-122 所示。选择"窗口 > 文字和表 > 段落"命令，弹出"段落"面板，如图 7-123 所示。单击需要的对齐按钮，效果如图 7-124 所示。

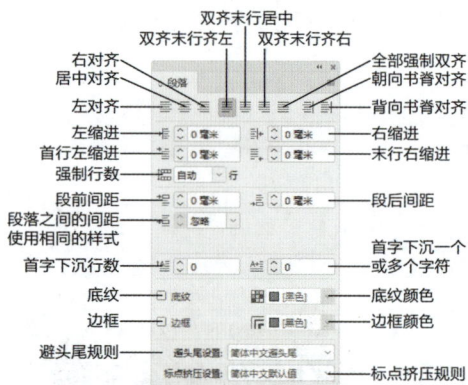

图 7-121

图 7-122

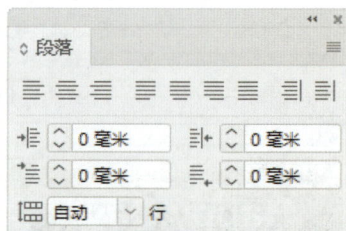

图 7-123

左对齐

居中对齐

右对齐

双齐末行齐左

双齐末行居中

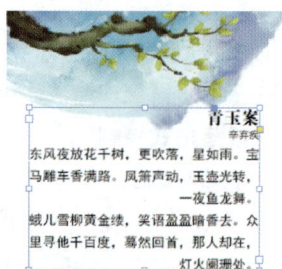

双齐末行齐右

全部强制双齐

朝向书籍对齐

背向书籍对齐

图 7-124

◎ 设置缩进

选择"文字"工具 ，在段落文本中单击，如图 7-125 所示。在"段落"面板中"左缩进"
 数值框中输入需要的数值，如图 7-126 所示。按 Enter 键确定操作，效果如图 7-127 所示。

图 7-125

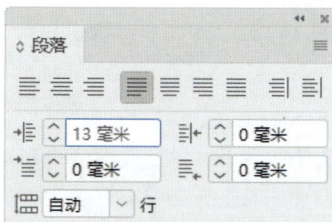
图 7-126

图 7-127

在其他缩进数值框中输入需要的数值，效果如图 7-128 所示。

右缩进

首行左缩进

图 7-128

选择"文字"工具 T，在需要的段落文字中单击，如图 7-129 所示。在"段落"面板中"末行右缩进" 数值框中输入需要的数值，如图 7-130 所示。按 Enter 键确定操作，效果如图 7-131 所示。

图 7-129

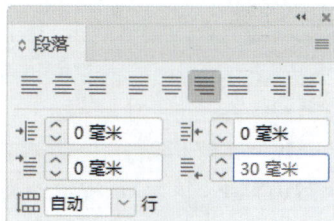
图 7-130

图 7-131

◎ 调整段落间距

选择"文字"工具 T，在需要的段落文本中单击，如图 7-132 所示。在"段落"面板中的"段前间距" 数值框中输入需要的数值，如图 7-133 所示。按 Enter 键确定操作，可调整段落前的间距，效果如图 7-134 所示。

图 7-132

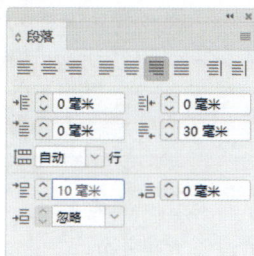
图 7-133

图 7-134

选择"文字"工具 T ，在需要的段落文本中单击，如图 7-135 所示。在"控制"面板中的"段后间距"数值框 ⊟ ⌃ 0 毫米 中输入需要的数值，如图 7-136 所示，按 Enter 键确定操作，可调整段落后的间距，效果如图 7-137 所示。

图 7-135

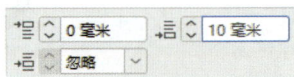
图 7-136

图 7-137

◎ 设置首字下沉

选择"文字"工具 T ，在需要的段落文本中单击，如图 7-138 所示。在"段落"面板中的"首字下沉行数"数值框 ⌃ 0 中输入需要的数值，如图 7-139 所示。按 Enter 键确定操作，效果如图 7-140 所示。

图 7-138

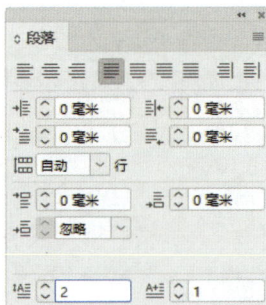
图 7-139

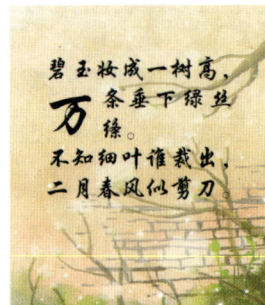
图 7-140

在"首字下沉一个或多个字符"数值框 ⌃ 0 中输入需要的数值，如图 7-141 所示。按 Enter 键确定操作，效果如图 7-142 所示。

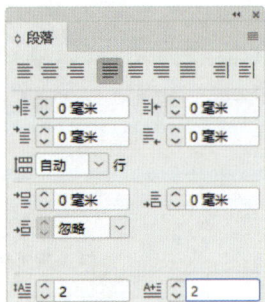
图 7-141

图 7-142

在"控制"面板中的"首字下沉行数"数值框 ⌃ 0 或"首字下沉一个或多个字符"数值框 ⌃ 0 中分别输入需要的数值也可设置首字下沉。

◎ 设置项目符号和编号

项目符号和编号可以让文本看起来更有条理，在 InDesign 中可以轻松地创建并修改它们，并可以将项目符号嵌入段落样式中。

选择"文字"工具 T，选取需要的文本，如图 7-143 所示。在"控制"面板中单击"段落格式控制"按钮 段，切换到相应的面板中，单击"项目符号列表"按钮 ，效果如图 7-144 所示；单击"编号列表"按钮 ，效果如图 7-145 所示。

图 7-143

图 7-144

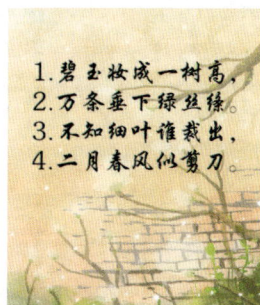

图 7-145

选择"文字"工具 T，选取要重新设置的含编号的文本，如图 7-146 所示。在按住 Alt 键的同时，单击"编号列表"按钮 ，或单击"段落"面板右上方的 图标，在弹出的菜单中选择"项目符号和编号"命令，弹出"项目符号和编号"对话框，设置需要的样式，如图 7-147 所示。单击"确定"按钮，效果如图 7-148 所示。

图 7-146

图 7-147

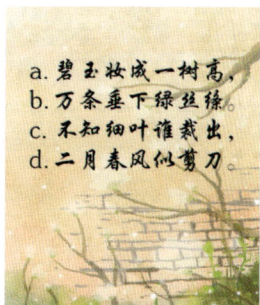

图 7-148

在"编号样式"选项组中，各选项的功能如下。

● "格式"选项：用于设置需要的编号类型。

● "编号"选项：用于设置默认表达式，即句号（.）加制表符空格（^t），或者构建自己的编号表达式。

● "字符样式"选项：用于为表达式选取字符样式，将应用到整个编号表达式，而不只是数字。

● "模式"选项：在其下拉列表中有两个选项，"从上一个编号继续"选项用于按顺序对列表进行编号，"开始于"选项用于从一个数字或在文本框中输入的其他值处开始进行编号。此处只可输入数字而非字母，即使列表使用字母或罗马数字来进行编号也是如此。

在"项目符号或编号位置"选项组中，各选项的功能如下。

● "对齐方式"选项：用于在为编号分配的水平间距内左对齐、居中对齐或右对齐项目符号或编号。

● "左缩进"选项：用于指定第一行之后的行缩进量。

● "首行缩进"选项：用于控制项目符号或编号的位置。

● "制表符位置"选项：用于在项目符号或编号与列表项目的起始处之间生成空格。

选择"文字"工具 **T**，选取要重新设置的包含项目符号或编号的文本，如图 7-149 所示。在按住 Alt 键的同时，单击"项目符号列表"按钮 ≣，或单击"段落"面板右上方的 ≡ 图标，在弹出的菜单中选择"项目符号和编号"命令，弹出"项目符号和编号"对话框，如图 7-150 所示。

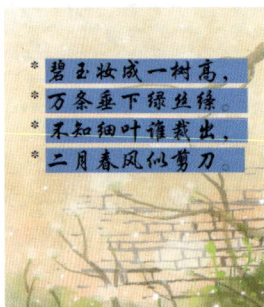

图 7-149

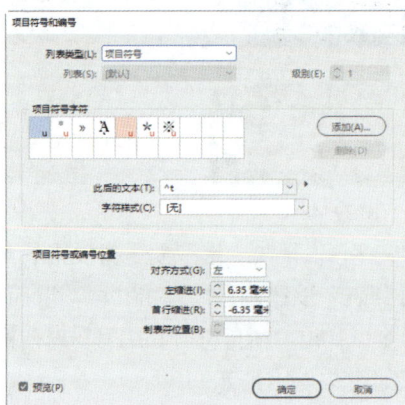

图 7-150

在"项目符号字符"选项组中，可进行以下操作。

● 单击"添加"按钮，弹出"添加项目符号"对话框，如图 7-151 所示。根据不同的字体和字体样式设置不同的符号，选取需要的字符，单击"确定"按钮，即可添加项目符号字符。选取要删除的字符，单击"删除"按钮，可删除字符。

● 在"添加项目符号"对话框中的设置如图 7-152 所示，单击"确定"按钮，返回到"项目符号和编号"对话框中，设置需要的符号样式，如图 7-153 所示。单击"确定"按钮，效果如图 7-154 所示。

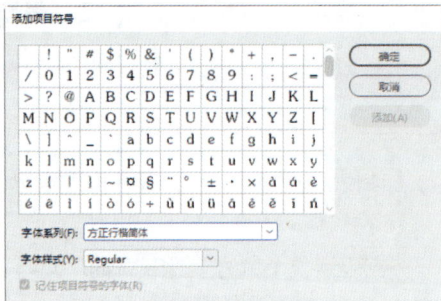

图 7-151

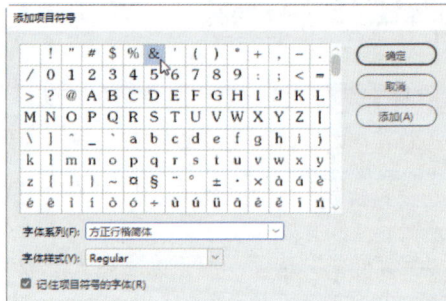

图 7-152

图 7-153

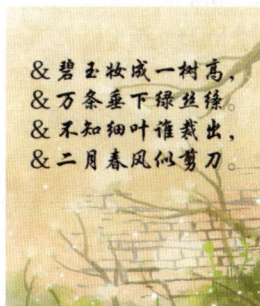

图 7-154

7.1.5 【实战演练】制作青春向上招贴

7.1.5实战演练

制作青春
向上招贴1

制作青春
向上招贴2

7.2 制作台历

7.2.1 【案例分析】

本案例是制作台历，要求台历包括年、月、日等基本要素，日期要排列整齐、易于辨识，设计时要结合装饰图形，展现典雅、精致。

7.2.2 【设计理念】

选择紫褐色作为背景色，优雅、大气；运用金黄色的装饰图形为台历增添特色和韵味；文字应排列整齐，使画面干净整洁；运用挂环的设计使台历效果更具真实感，最终效果如图 7-155 所示（参看素材中的 "Ch07 > 效果 > 制作台历 .indd"）。

图 7-155

制作台历1

制作台历2

7.2.3 【操作步骤】

1. 制作台历背景

（1）打开 InDesign CC 2019，选择"文件 > 新建 > 文档"命令，弹出"新建文档"对话框，设置如图 7-156 所示。单击"边距和分栏"按钮，弹出"新建边距和分栏"对话框，设置如图 7-157所示。单击"确定"按钮，新建一个页面。选择"视图 > 其他 > 隐藏框架边缘"命令，将所绘制图形的框架边缘隐藏。

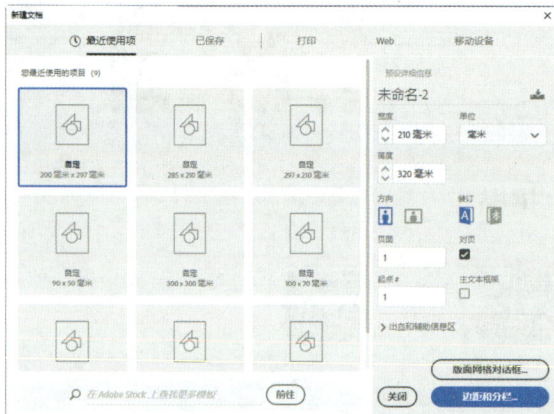
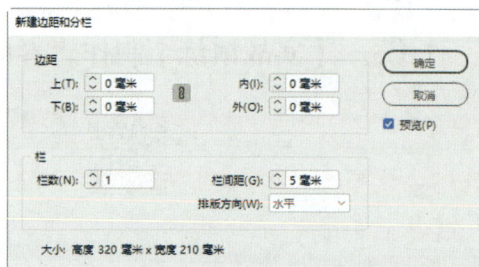

图 7-156   图 7-157

（2）选择"矩形"工具 ，在适当的位置绘制一个矩形。设置填充色的 CMYK 值为 9、0、5、0，填充图形，并设置描边色为无，效果如图 7-158 所示。

（3）选择"钢笔"工具 ，在适当的位置绘制闭合路径，设置填充色的 CMYK 值为 65、100、70、50，填充图形，并设置描边色为无，效果如图 7-159 所示。

图 7-158   图 7-159

（4）选择"椭圆"工具 ，在按住 Shift 键的同时，在适当的位置绘制一个圆形，填充图形为白色，并设置描边色为无，效果如图 7-160 所示。

（5）选择"选择"工具 ，在按住 Alt+Shift 组合键的同时，水平向右拖曳图形到适当的位置，复制图形，效果如图 7-161 所示。连续按 Ctrl+Alt+4 组合键，按需要再复制多个图形，效果如图 7-162 所示。

图 7-160   图 7-161

图 7-162

（6）选择"选择"工具 ，在按住 Shift 键的同时，将所绘制的图形同时选取，如图 7-163所示。选择"窗口 > 对象和版面 > 路径查找器"命令，弹出"路径查找器"面板，单击"减去"按钮 （见图 7-164），生成新对象，效果如图 7-165 所示。

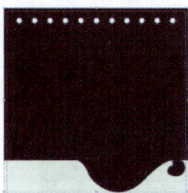
图 7-163

图 7-164

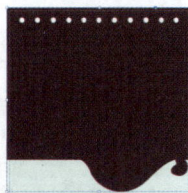
图 7-165

（7）单击"控制"面板中的"向选定的目标添加对象效果"按钮 fx.，在弹出的菜单中选择"投影"命令，弹出"效果"对话框，选项的设置如图 7-166 所示，单击"确定"按钮，效果如图 7-167 所示。

图 7-166

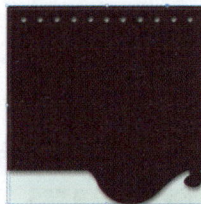
图 7-167

（8）选择"钢笔"工具 ，在适当的位置绘制一条路径，将"控制"面板中的"描边粗细"下拉列表 0.283 点 设为 6 点，按 Enter 键，效果如图 7-168 所示。设置描边色的 CMYK 值为 19、31、93、0，填充描边，效果如图 7-169 所示。

图 7-168

图 7-169

（9）单击"控制"面板中的"向选定的目标添加对象效果"按钮 fx.，在弹出的菜单中选择"投影"命令，弹出"效果"对话框，选项的设置如图 7-170 所示。单击"确定"按钮，效果如图 7-171 所示。

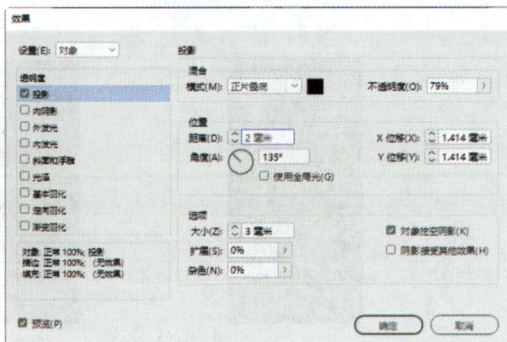
图 7-170

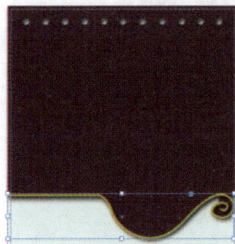
图 7-171

（10）选择"钢笔"工具 ✐，在适当的位置绘制一个闭合路径，如图 7-172 所示。设置填充色的 CMYK 值为 19、31、93、0，填充图形，并设置描边色为无，效果如图 7-173 所示。

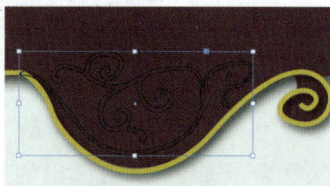

图 7-172   图 7-173

（11）选择"文字"工具 T，在适当的位置拖曳出一个文本框，输入需要的文字并选取文字。在"控制"面板中选择合适的字体和文字大小，效果如图 7-174 所示。设置文字填充色的 CMYK 值为 19、31、93、0，填充文字，取消文字的选取状态，效果如图 7-175 所示。

（12）选择"直排文字"工具 IT，在适当的位置拖曳出文本框，输入需要的文字并选取文字。在"控制"面板中分别选择合适的字体并设置文字大小，效果如图 7-176 所示。

（13）选择"选择"工具 ▶，在按住 Shift 键的同时，选取输入的文字。单击工具箱中的"格式针对文本"按钮 T，设置文字填充色的 CMYK 值为 19、31、93、0，填充文字，效果如图 7-177 所示。

图 7-174   图 7-175   图 7-176   图 7-177

（14）选择"文字"工具 T，选取英文"Xin Chou Nian"，如图 7-178 所示。在"控制"面板中将"字符间距"下拉列表 🅰🄰⟺ 0 ⌄ 设为 -10，按 Enter 键，效果如图 7-179 所示。

（15）选择"椭圆"工具 ◯，在按住 Shift 键的同时，在适当的位置绘制一个圆形。设置填充色的 CMYK 值为 19、31、93、0，填充图形，并设置描边色为无，效果如图 7-180 所示。

（16）选择"文字"工具 T，在适当的位置拖曳出一个文本框，输入需要的文字并选取文字在"控制"面板中选择合适的字体和文字大小。设置文字填充色的 CMYK 值为 65、100、70、50，填充文字，效果如图 7-181 所示。

图 7-178   图 7-179   图 7-180   图 7-181

2．添加台历日期

（1）选择"矩形"工具□，在适当的位置绘制一个矩形。设置填充色的 CMYK 值为 65、100、70、50，填充图形，并设置描边色为无，效果如图 7-182 所示。

（2）选择"文字"工具T，在页面中分别拖曳出文本框，输入需要的文字并选取文字，在"控制"面板中分别选择合适的字体和文字大小，效果如图 7-183 所示。

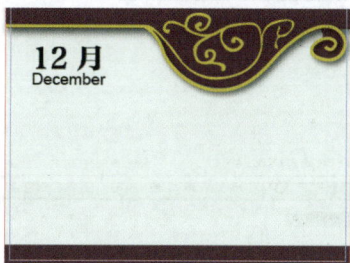

图 7-182

图 7-183

（3）选择"文字"工具T，在页面外空白处拖曳出一个文本框，输入需要的文字，选取输入的文字，在"控制"面板中选择合适的字体并设置文字大小，效果如图 7-184 所示。在"控制"面板中将"行距"下拉列表 (14.4 点) 设为 37，按 Enter 键，效果如图 7-185 所示。

图 7-184

图 7-185

（4）选择"文字"工具T，选取文字"日"，如图 7-186 所示。设置文字填充色的 CMYK 值为 0、0、0、59，填充文字，取消文字的选取状态，效果如图 7-187 所示。使用相同的方法的选取其他文字并填充相应的颜色，效果如图 7-188 所示。

图 7-186

图 7-187

图 7-188

（5）选择"文字"工具T，选取输入的文字，如图 7-189 所示。选择"文字 > 制表符"命令，弹出"制表符"面板，如图 7-190 所示。单击"居中对齐制表符"按钮↓，并在标尺上单击添加制表符，在"X"文本框中输入 21 毫米，如图 7-191 所示。单击面板右上方的≡图标，在弹出的菜单中选择"重复制表符"命令，"制表符"面板如图 7-192 所示。

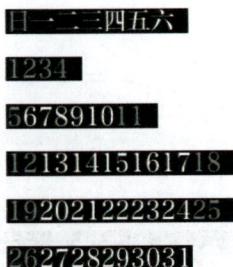

图 7-189

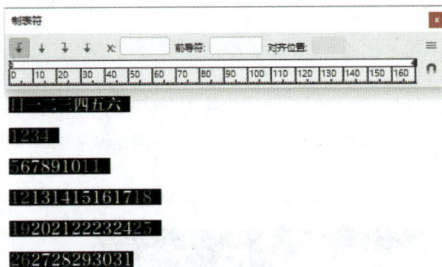

图 7-190

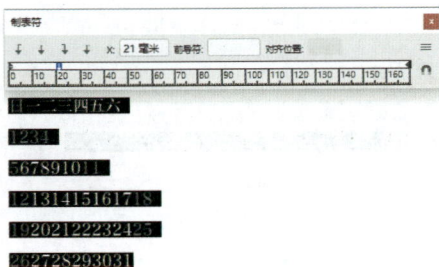

图 7-191

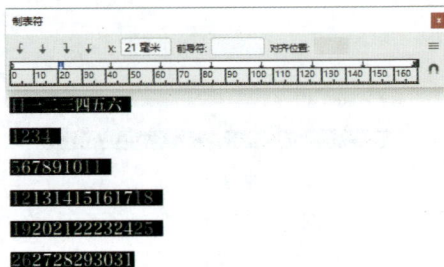

图 7-192

（6）在适当的位置单击，如图 7-193 所示。按 Tab 键，调整文字的间距，如图 7-194 所示。

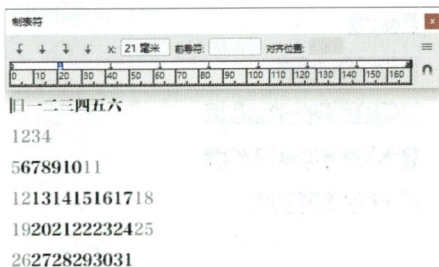

图 7-193

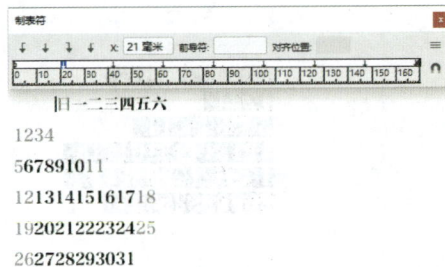

图 7-194

（7）在文字"日"后面单击，按 Tab 键，再次调整文字的间距，如图 7-195 所示。用相同的方法分别在适当的位置单击，按 Tab 键，调整文字的间距，效果如图 7-196 所示。

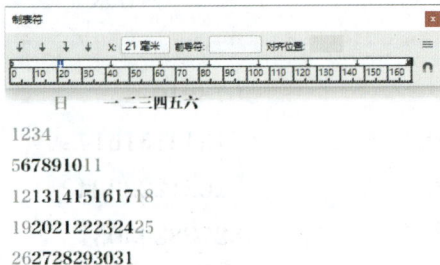

图 7-195

日	一	二	三	四	五	六
			1	2	3	4
5	6	7	8	9	10	11
12	13	14	15	16	17	18
19	20	21	22	23	24	25
26	27	28	29	30	31	

图 7-196

（8）选择"选择"工具 ▶，选取日期文本框，并将其拖曳到页面中适当的位置，效果如图 7-197 所示。在空白页面处单击，取消选取状态，台历制作完成，效果如图 7-198 所示。

图 7-197

图 7-198

7.2.4 【相关知识】

1. 制表符

选择"文字"工具 T ，选取需要的文本框，如图 7-199 所示。选择"文字 > 制表符"命令，或按 Shift+Ctrl+T 组合键，弹出"制表符"面板，如图 7-200 所示。

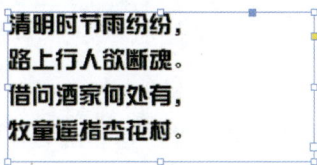

图 7-199

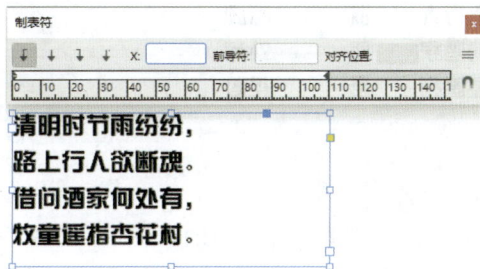

图 7-200

◎ 设置制表符

在标尺上多次单击，设置制表符，如图 7-201 所示。在段落文本中需要添加制表符的位置单击，按 Tab 键，调整文本的位置，效果如图 7-202 所示。

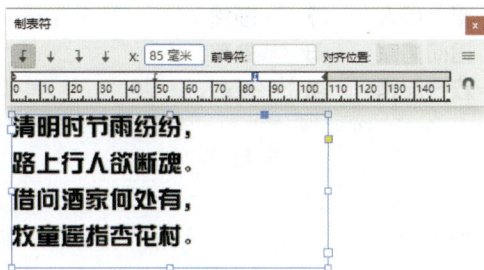

图 7-201

图 7-202

◎ 添加前导符

将所有文字同时选取，在标尺上单击选取一个已有的制表符，如图 7-203 所示。在对话框上方的"前导符"文本框中输入需要的字符，按 Enter 键确定操作，效果如图 7-204 所示。

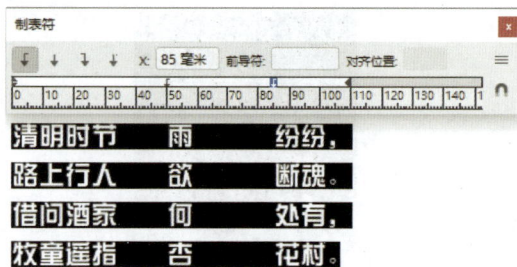

图 7-203

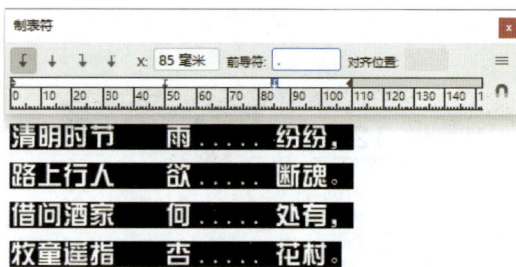

图 7-204

◎ 更改制表符的对齐方式

在标尺上单击选取一个已有的制表符，如图 7-205 所示。单击标尺上方的制表符对齐按钮（这里单击"右对齐制表符"按钮）），更改制表符的对齐方式，效果如图 7-206 所示。

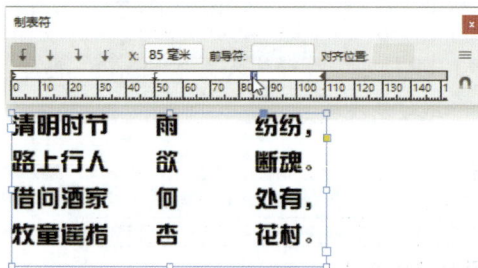

图 7-205

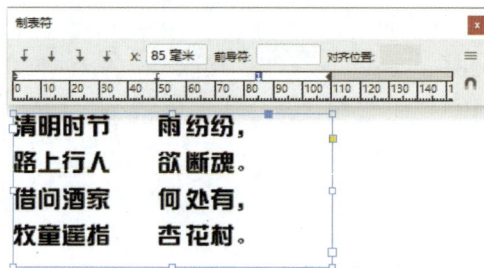

图 7-206

◎ 移动制表符的位置

在标尺上单击选取一个已有的制表符，如图 7-207 所示。在标尺上直接将其拖曳到新位置或在"X"文本框中输入需要的数值，移动制表符的位置，效果如图 7-208 所示。

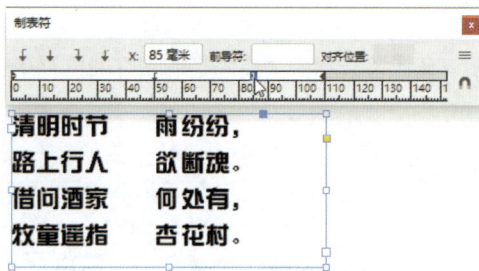

图 7-207

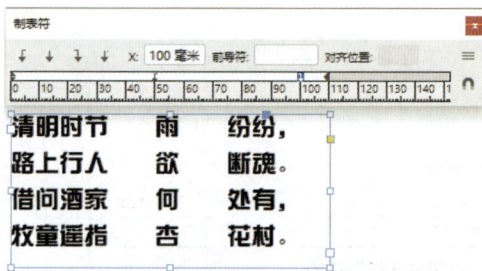

图 7-208

◎ 重复制表符

在标尺上单击选取一个已有的制表符，如图 7-209 所示。单击对话框右上方的按钮，在弹出的菜单中选择"重复制表符"命令，在标尺上重复当前的制表符设置，效果如图 7-210 所示。

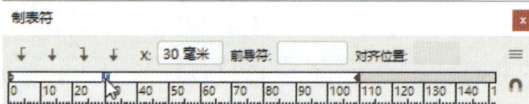

图 7-209

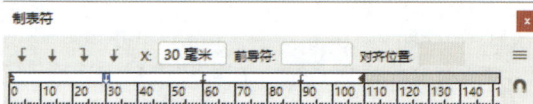

图 7-210

◎ 删除定位符

在标尺上单击选取一个已有的制表符，如图 7-211 所示。将其直接拖离标尺或单击对话框右上

方的 ≡ 按钮，在弹出的菜单中选择"删除制表符"命令，删除选取的制表符，如图 7-212 所示。

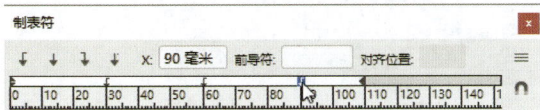
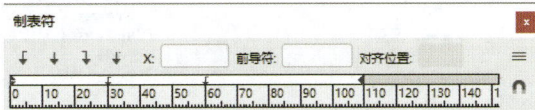

图 7-211   图 7-212

单击对话框右上方的 ≡ 按钮，在弹出的菜单中选择"清除全部"命令，恢复为默认的制表符，效果如图 7-213 所示。

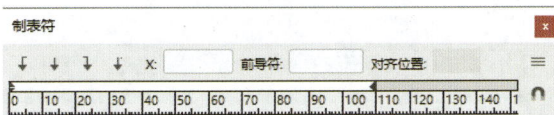

图 7-213

2．字符样式和段落样式

字符样式是通过一个步骤就可以应用于文本的一系列字符格式属性的集合。段落样式包括字符和段落格式属性，可应用于一个段落，也可应用于某范围内的段落。

◎ 打开样式面板

选择"文字 > 字符样式"命令，或按 Shift+F11 组合键，弹出"字符样式"面板，如图 7-214 所示。选择"窗口 > 文字和表 > 字符样式"命令，也可弹出"字符样式"面板。

选择"文字 > 段落样式"命令，或按 F11 键，弹出"段落样式"面板，如图 7-215 所示。选择"窗口 > 文字和表 > 段落样式"命令，也可弹出"段落样式"面板。

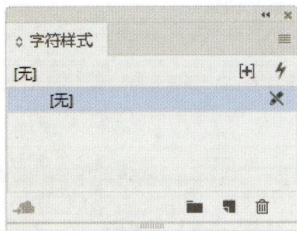
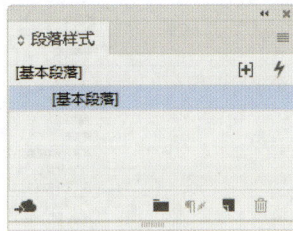

图 7-214   图 7-215

◎ 定义字符样式

单击"字符样式"面板下方的"创建新样式"按钮 ，在面板中生成新样式，如图 7-216 所示。双击新样式的名称，弹出"字符样式选项"对话框，如图 7-217 所示。其中主要选项的功能如下。

● "样式名称"文本框：用于输入新样式的名称。

● "基于"下拉列表：用于选择当前样式所基于的样式。通过该选项，可以将样式相互链接，以便将一种样式中的变化反映到基于它的子样式中。

● "快捷键"文本框：用于添加键盘快捷键。

● "将样式应用于选区"复选框：勾选该选项，可将新样式应用于选定文本。

要在其他选项中指定格式属性，单击左侧列表中的某个类别，指定要添加到样式中的属性。完成设置后，单击"确定"按钮即可。

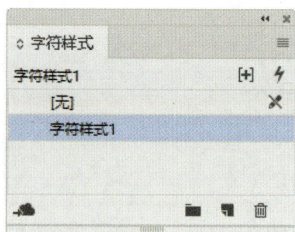

图 7-216

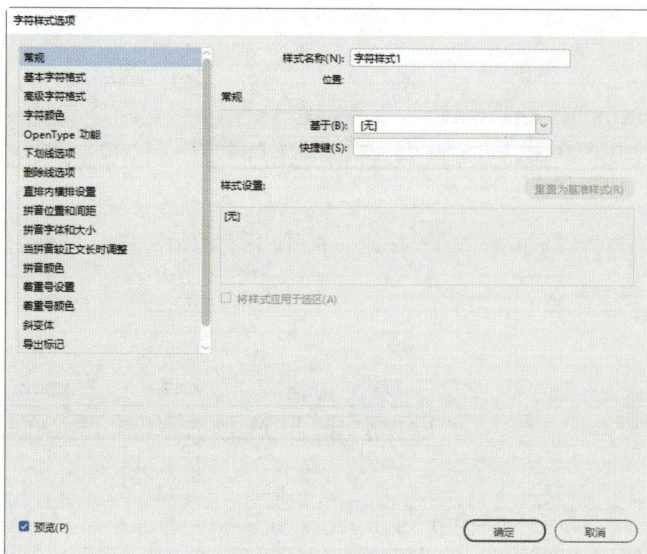

图 7-217

◎ 定义段落样式

单击"段落样式"面板下方的"创建新样式"按钮，在面板中生成新样式，如图 7-218 所示。双击新样式的名称，弹出"段落样式选项"对话框，如图 7-219 所示。

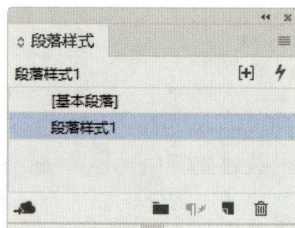

图 7-218

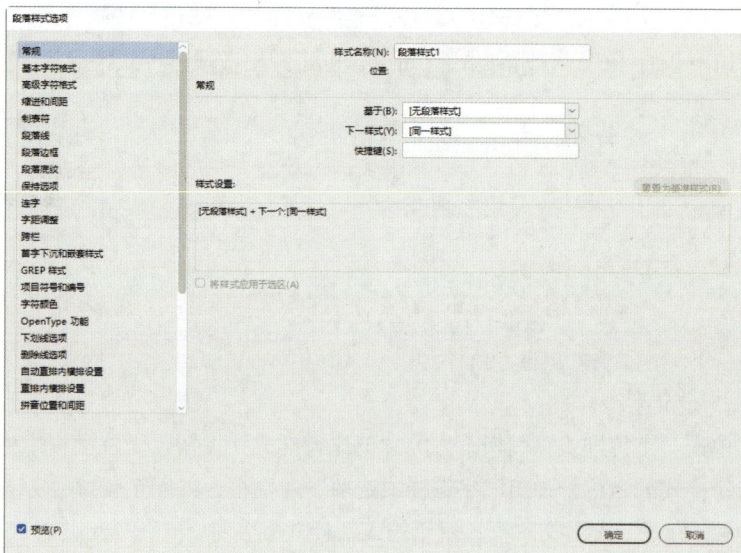

图 7-219

对话框中除"下一样式"下拉列表外，其他选项的设置与"字符样式选项"对话框中的相同，这里不再赘述。

"下一样式"下拉列表用于指定当按 Enter 键时在当前样式之后应用的样式。

单击"段落样式"面板右上方的 ≡ 图标，在弹出的菜单中选择"新建段落样式"命令（见图 7-220），弹出"新建段落样式"对话框，如图 7-221 所示，也可新建段落样式。其中的选项与"段落样式选项"对话框中的相同，这里不再赘述。

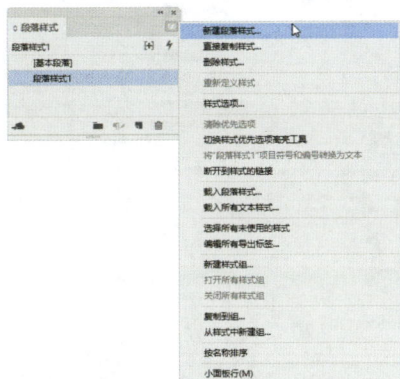
图 7-220

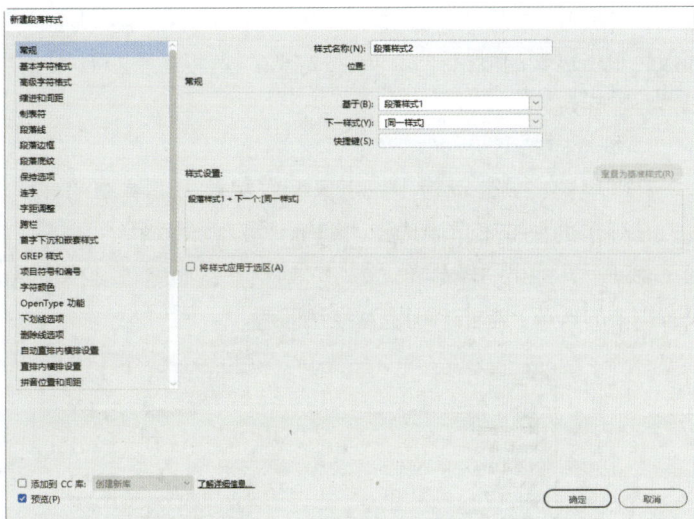
图 7-221

> **提示**　若想在现有文本格式的基础上创建一种新的样式，选择该文本或在该文本中单击，单击"段落样式"面板下方的"创建新样式"按钮▣即可。

◎ 应用字符样式

选择"文字"工具 T，选取需要的字符，如图 7-222 所示。在"字符样式"面板中单击需要的字符样式名称（见图 7-223），为选取的字符添加样式。取消文字的选取状态，效果如图 7-224 所示。

图 7-222

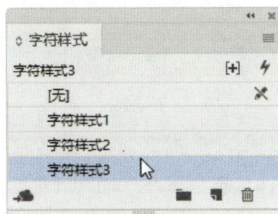
图 7-223

图 7-224

在"控制"面板中单击"快速应用"按钮▣，弹出"快速应用"面板，单击需要的段落样式，或按定义的快捷键，也可为选取的字符添加样式。

◎ 应用段落样式

选择"文字"工具 T，在段落文本中单击，如图 7-225 所示。在"段落样式"面板中单击需要的段落样式名称（见图 7-226），为选取的段落添加样式，效果如图 7-227 所示。

图 7-225

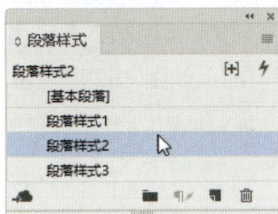
图 7-226

图 7-227

在"控制"面板中单击"快速应用"按钮，弹出"快速应用"面板，单击需要的段落样式，或按定义的快捷键，也可为选取的段落添加样式。

◎ 编辑样式

在"段落样式"面板中，用鼠标右键单击要编辑的样式名称，在弹出的快捷菜单中选择"编辑'段落样式 *'"命令（见图 7-228），弹出"段落样式选项"对话框，如图 7-229 所示。设置需要的选项，单击"确定"按钮即可。

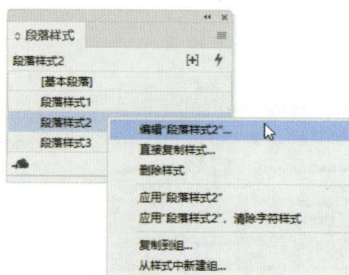

图 7-228

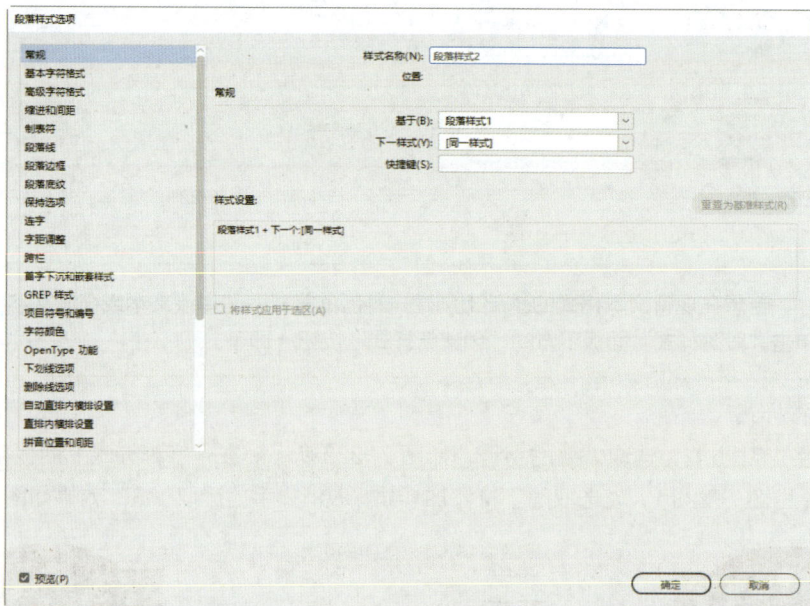

图 7-229

在"段落样式"面板中，双击要编辑的样式名称，或者在选择要编辑的样式后，单击面板右上方的 ≡ 图标，在弹出的菜单中选择"样式选项"命令，弹出"段落样式选项"对话框。设置需要的选项，单击"确定"按钮即可。字符样式的编辑与段落样式相似，故这里不再赘述。

> **提示**　单击或双击样式会将该样式应用于当前选定的文本或文本框架，如果没有选定任何文本或文本框架，则会将该样式设置为新框架中输入的任何文本的默认样式。

◎ 删除样式

在"段落样式"面板中，选取需要删除的段落样式，如图 7-230 所示。单击面板下方的"删除选定样式／组"按钮，或单击面板右上方的 ≡ 图标，在弹出的菜单中选择"删除样式"命令，如图 7-231 所示。删除选取的段落样式后，面板如图 7-232 所示。

在要删除的段落样式上单击鼠标右键，在弹出的快捷菜单中单击"删除样式"命令，也可删除选取的样式。

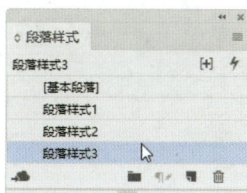
图 7-230

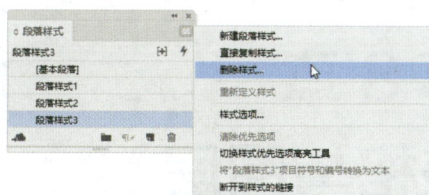
图 7-231

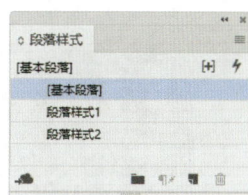
图 7-232

要删除所有未使用的样式，在"段落样式"面板中单击右上方的 ≡ 图标，在弹出的菜单中选择"选择所有未使用的样式"命令，选取所有未使用的样式，单击"删除选定样式 / 组"按钮 🗑 。当删除未使用的样式时，不会提示替换该样式。在"字符样式"面板中删除样式的方法与在"段落样式"面板中相似，故这里不再赘述。

◎ 清除段落样式的优先选项

当将不属于某个样式的格式应用于应用了这种样式的文本时，该格式称为优先选项。当选择含优先选项的文本时，样式名称旁会显示一个加号（ + ）。

选择"文字"工具 T ，在有优先选项的文本中单击，如图 7-233 所示。单击"段落样式"面板中的"清除选区中的优先选项"按钮 ， 或单击面板右上方的 ≡ 图标，在弹出的菜单中选择"清除优先选项"命令（见图 7-234 ），清除段落样式的优先选项，效果如图 7-235 所示。

图 7-233

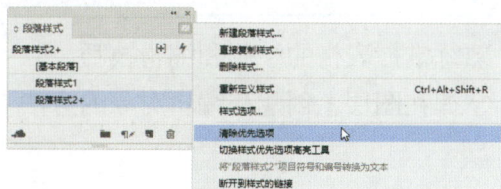
图 7-234

图 7-235

7.2.5 【实战演练】制作数码相机广告

7.2.5实战演练　制作数码相机广告1　制作数码相机广告2　制作数码相机广告3　制作数码相机广告4

7.3 综合演练——制作红酒广告

7.3综合演练　制作红酒广告

08

第 8 章
表格与图层

InDesign CC 2019 具有强大的表格和图层编辑功能，本章主要介绍在 InDesign CC 2019 中如何绘制和编辑表格及图层的操作方法。通过本章的学习，读者可以了解并掌握表格的绘制和编辑方法及图层的操作技巧，从而能快速地创建美观的表格，并准确地使用图层编辑出需要的版式文件。

知识目标

- 熟练掌握表格的绘制和编辑技巧
- 掌握在图层上创建和编辑对象的方法

能力目标

- 掌握汽车广告的制作方法
- 掌握购物节海报的制作方法
- 掌握卡片的制作方法
- 掌握房地产广告的制作方法
- 掌握旅游广告的制作方法

素质目标

- 培养自学能力
- 培养语言组织能力
- 培养清晰的逻辑思维

8.1 制作汽车广告

8.1.1 【案例分析】

本案例是制作一则汽车广告，要求体现汽车的优良性能和高性价比。

8.1.2 【设计理念】

运用汽车图片展示汽车的外观效果，通过细节图片来表现汽车的精良设计和优良品质，添加表格详细介绍汽车的各项性能指标，通过醒目的广告语点明宣传主题，最终效果如图 8-1 所示（参看素材中的"Ch08 > 效果 > 制作汽车广告 .indd"）。

图 8-1

制作汽车
广告1

制作汽车
广告2

制作汽车
广告3

8.1.3 【操作步骤】

1. 添加并编辑标题文字

（1）打开 InDesign CC 2019，选择"文件 > 新建 > 文档"命令，弹出"新建文档"对话框，设置如图 8-2 所示。单击"边距和分栏"按钮，弹出"新建边距和分栏"对话框，设置如图 8-3 所示。单击"确定"按钮，新建一个页面。选择"视图 > 其他 > 隐藏框架边缘"命令，将所绘制图形的框架边缘隐藏。

（2）选择"矩形"工具▢，在页面中拖曳鼠标指针绘制一个与页面大小相等的矩形。设置填充色的 CMYK 值为 0、0、0、16，填充图形，并设置描边色为无，效果如图 8-4 所示。

（3）选择"文件 > 置入"命令，弹出"置入"对话框，选择素材中的"Ch08 > 素材 > 制作汽车广告 > 01"文件，单击"打开"按钮，在页面空白处单击鼠标左键置入图片。选择"自由变换"工具▣，将图片拖曳到适当的位置并调整其大小，效果如图 8-5 所示。

（4）选择"选择"工具▶，在按住 Shift 键的同时，将矩形和图片同时选取。按 Shift+F7 组合键，弹出"对齐"面板，单击"水平居中对齐"按钮▣，如图 8-6 所示，对齐效果如图 8-7 所示。

（5）按 Ctrl+O 组合键，打开素材中的"Ch08 > 素材 > 制作汽车广告 > 02"文件，按 Ctrl+A 组合键，将其全选。按 Ctrl+C 组合键，复制选取的图像。返回到正在编辑的页面，按 Ctrl+V 组合键，将其粘贴到页面中，选择"选择"工具▶，拖曳复制的图形到适当的位置，效果如图 8-8 所示。

（6）选择"文字"工具▾，在页面中拖曳出文本框，输入需要的文字并选取文字，在"控制"面板中选择合适的字体和文字大小，效果如图 8-9 所示。

图 8-2

图 8-3

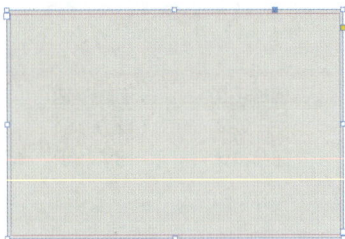

图 8-4

图 8-5

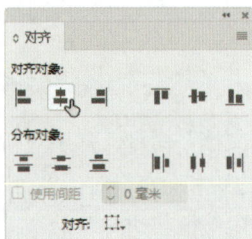

图 8-6

图 8-7

图 8-8

图 8-9

（7）选择"选择"工具 ，在按住 Shift 键的同时，选取输入的文字。单击工具箱中的"格式针对文本"按钮 ，设置文字填充色的 CMYK 值为 0、100、100、37，填充文字，效果如图 8-10 所示。

（8）选择"对象 > 变换 > 切变"命令，弹出"切变"对话框，选项的设置如图 8-11 所示。单击"确定"按钮，效果如图 8-12 所示。

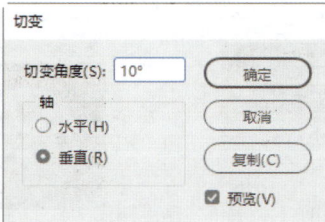

图 8-10　　　　　　　　　　　图 8-11　　　　　　　　　　　图 8-12

2．置入并编辑图片

（1）选择"矩形"工具 ▣，在按住 Shift 键的同时，在适当的位置绘制一个矩形。设置填充色为黑色，填充图形，并设置描边色的 CMYK 值为 0、0、10、0，填充描边。在"控制"面板中将"描边粗细"下拉列表 ⌄ 0.283 点 ⌄ 设为 5 点，按 Enter 键，效果如图 8-13 所示。

（2）选择"文件 > 置入"命令，弹出"置入"对话框，选择素材中的"Ch08 > 素材 > 制作汽车广告 > 03"文件，单击"打开"按钮，在页面空白处单击鼠标左键置入图片。选择"自由变换"工具 ▦，将图片拖曳到适当的位置并调整其大小，效果如图 8-14 所示。

图 8-13　　　　　　　　　　　　　　　图 8-14

（3）保持图片的选取状态，按 Ctrl+X 组合键，剪切图片。选择"选择"工具 ▶，选择下方的矩形，如图 8-15 所示。选择"编辑 > 贴入内部"命令，将图片贴入矩形的内部，效果如图 8-16 所示。使用相同的方法置入"04""05"图片制作出图 8-17 所示的效果。

（4）选择"文字"工具 T，在适当的位置拖曳出一个文本框，输入需要的文字并选取文字，在"控制"面板中选择合适的字体并设置文字大小，效果如图 8-18 所示。在"控制"面板中将"行距"下拉列表 ⌄ (14.4 点) ⌄ 设为 18 点，按 Enter 键，效果如图 8-19 所示。

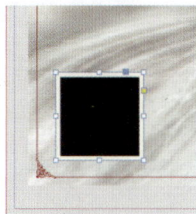

图 8-15　　　　　　　图 8-16　　　　　　　　　　图 8-17

（5）保持文字的选取状态。在按住 Alt 键的同时，单击"控制"面板中的"项目符号列表"按钮 ☰，在弹出的对话框中将"列表类型"设为项目符号。单击"添加"按钮，在弹出的"添加项目符号"对话框中选择需要的符号，如图 8-20 所示。单击"确定"按钮，回到"项目符号和编号"对话框中，设置如图 8-21 所示。单击"确定"按钮，效果如图 8-22 所示。

图 8-18

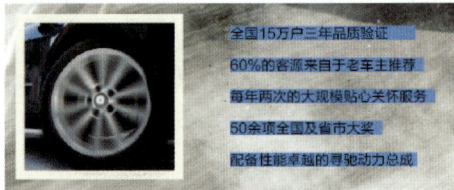

图 8-19

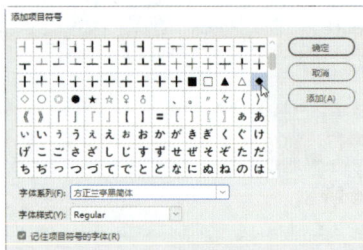

图 8-20

图 8-21

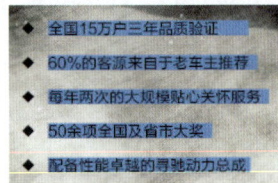

图 8-22

3. 绘制并编辑表格

（1）选择"文字"工具 T，在页面外拖曳出一个文本框。选择"表 > 插入表"命令，在弹出的"插入表"对话框中进行设置，如图 8-23 所示。单击"确定"按钮，效果如图 8-24 所示。

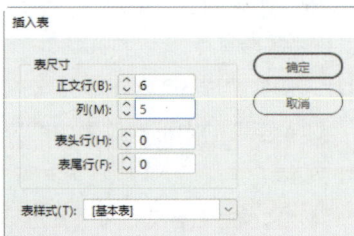

图 8-23

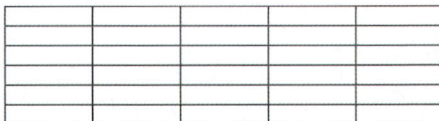

图 8-24

（2）将鼠标指针移至表的左上角，当鼠标指针变为箭头形状↘时，单击鼠标选取整个表。选择"表 > 单元格选项 > 描边和填色"命令，弹出"单元格选项"对话框，选项的设置如图 8-25 所示。单击"确定"按钮，效果如图 8-26 所示。

（3）将鼠标指针移到表第一行的下边缘，当鼠标指针变为↕图标时，按住鼠标左键向下拖曳，如图 8-27 所示。松开鼠标，效果如图 8-28 所示。

（4）将鼠标指针移到表第一列的右边缘，鼠标指针变为↔图标，在按住 Shift 键的同时，按住鼠标左键向左拖曳，如图 8-29 所示。松开鼠标，效果如图 8-30 所示。使用相同的方法调整其他列线，效果如图 8-31 所示。

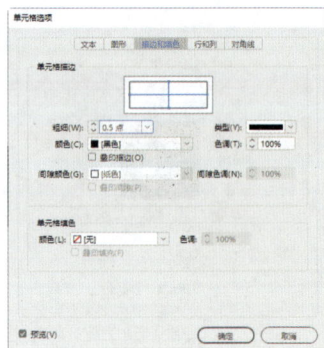

图 8-25

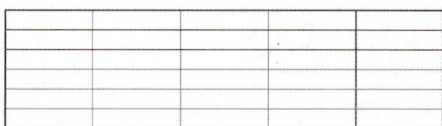

图 8-26

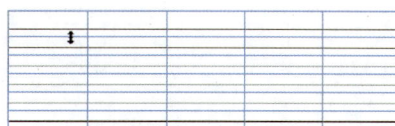

图 8-27

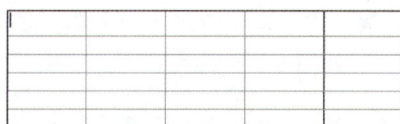

图 8-28

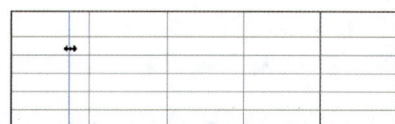

图 8-29

图 8-30

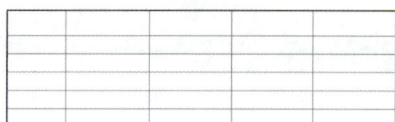

图 8-31

（5）将鼠标指针移到表最后一行的左边缘，当鼠标指针变为➡形状时，单击鼠标左键，最后一行被选中，如图 8-32 所示。选择"表 > 合并单元格"命令，将选取的表格合并，效果如图 8-33 所示。

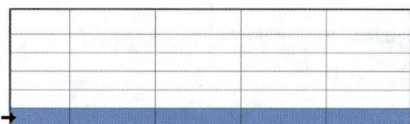

图 8-32

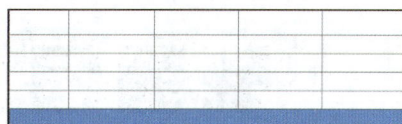

图 8-33

（6）选择"表 > 表选项 > 交替填色"命令，弹出"表选项"对话框。在"交替模式"下拉列表中选择"每隔一行"选项，在"颜色"下拉列表中选择需要的颜色，其他选项的设置如图 8-34 所示。单击"确定"按钮，效果如图 8-35 所示。

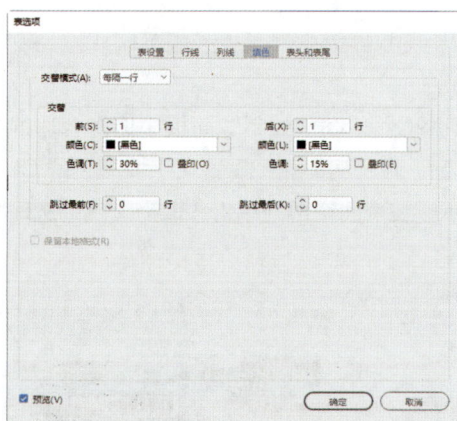

图 8-34

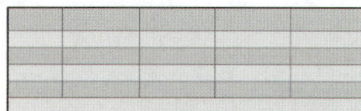

图 8-35

（7）选择"文字"工具 T，在表格中输入需要的文字。选取输入的文字，在"控制"面板中选择合适的字体并设置文字大小，效果如图 8-36 所示。

车型名称	乐风 TC 2012 款 1.8TSI 尊贵型	乐风 TC 2012 款 1.8TSI 豪华型	乐风 TC 2012 款 2.0TSI 尊贵型	乐风 TC 2012 款 2.0TSI 豪华型
发动机	1.8T 160 马力 L4	1.8T 160 马力 L4	2.0T 200 马力 L4	2.0T 200 马力 L4
变速箱	7 挡双离合	7 挡双离合	6 挡双离合	6 挡双离合
车身结构	4 门 5 座三厢车	4 门 5 座三厢车	4 门 5 座三厢车	4 门 5 座三厢车
进气形式	涡轮增压	涡轮增压	涡轮增压	涡轮增压
4799*1855*1417				

图 8-36

（8）将鼠标指针移至表的左上方，当鼠标指针变为 ↘ 形状时，单击鼠标左键选取整个表，如图 8-37 所示。在"控制"面板中单击 ▤ 按钮和 ▦ 按钮，效果如图 8-38 所示。

图 8-37　　　　　　　　　　　　　　　　　　　图 8-38

（9）选择"选择"工具 ▶，选取表格，并将其拖曳到页面中适当的位置，如图 8-39 所示。选择"文字"工具 T，在适当的位置拖曳出一个文本框，输入需要的文字并选取文字，在"控制"面板中选择合适的字体和文字大小。将"字符间距"下拉列表 ⅥA ↕ 0 设为 160，按 Enter 键，效果如图 8-40 所示。

图 8-39

图 8-40

（10）选择"文字"工具 T，选取英文"WU FENG"，在"控制"面板中选择合适的字体和文字大小，效果如图 8-41 所示。选取文字"WU FENG 五风汽车"，设置文字填充色的 CMYK 值为 0、100、100、37，填充文字，效果如图 8-42 所示。在页面空白处单击，取消文字的选取状态。汽车广告制作完成，效果如图 8-43 所示。

图 8-41　　　　　　　　　　图 8-42　　　　　　　　　　图 8-43

8.1.4　【相关知识】

1．表的创建

◎ 创建表

选择"文字"工具 T，在需要的位置拖曳出一个文本框或在要创建表的文本框中单击，如图 8-44 所示。选择"表 > 插入表"命令或按 Ctrl+Shift+Alt+T 组合键，弹出"插入表"对话框，设置需要的数值，如图 8-45 所示。单击"确定"按钮，效果如图 8-46 所示。

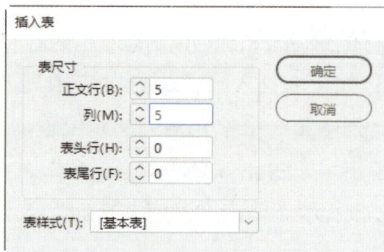

图 8-44　　　　　　　　　　　　图 8-45　　　　　　　　　　　　图 8-46

"插入表"对话框中主要选项的功能如下。

● "正文行""列"数值框：用于指定正文行中的水平单元格数及列中的垂直单元格数。

● "表头行""表尾行"数值框：用于指定要在其中重复信息的表头行或表尾行的数量（若表内容跨多个列或多个框架）。

◎ 在表中添加文本和图形

选择"文字"工具 T，在单元格中单击，输入需要的文本。在需要的单元格中单击，如图 8-47 所示。选择"文件 > 置入"命令，弹出"置入"对话框。选取需要的图形，单击"打开"按钮，置入需要的图形，效果如图 8-48 所示。

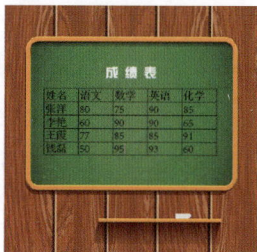
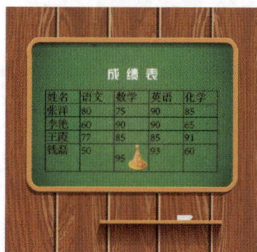

图 8-47　　　　　　　　　　　　　　　　图 8-48

选择"选择"工具 ▶，选取需要的图形，如图 8-49 所示。按 Ctrl+X 组合键（或按 Ctrl+C 组合键），剪切（或复制）需要的图形。选择"文字"工具 T，在单元格中单击，如图 8-50 所示。按 Ctrl+V 组合键，将图形粘贴到表中，效果如图 8-51 所示。

◎ 在表中移动插入点

按 Tab 键可以后移一个单元格。如果将插入点置于最后一个单元格中，按 Tab 键，则会新建一行。

按 Shift+Tab 组合键可以前移一个单元格。如果将插入点置于在第一个单元格中，按 Shift+Tab 组合键，插入点将移至最后一个单元格。

图 8-49　　　　　　　　　　　图 8-50　　　　　　　　　　　图 8-51

如果在插入点位于直排表中某行的最后一个单元格的末尾时按向下的方向键，则插入点会移至同一行中第一个单元格的起始位置；如果在插入点位于直排表中某列的最后一个单元格的末尾时按向左的方向键，则插入点会移至同一列中第一个单元格的起始位置。

选择"文字"工具 T，在表中单击，如图 8-52 所示。选择"表 > 转至行"命令，弹出"转至行"对话框，指定要转到的行，如图 8-53 所示。单击"确定"按钮，效果如图 8-54 所示。

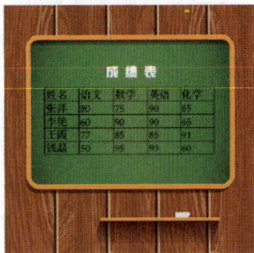

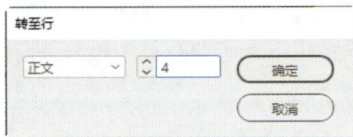

图 8-52　　　　　　　　　　　图 8-53　　　　　　　　　　　图 8-54

若当前表中定义了表头行或表尾行，在菜单中选择"表头"或"表尾"命令，单击"确定"按钮即可。

2．选择并编辑表

◎ 选择表单元格、行和列或整个表

● 选择单元格

选择"文字"工具 T，在要选取的单元格内单击，或选取单元格中的文本，选择"表 > 选择 > 单元格"命令，选取单元格。

选择"文字"工具 T，在单元格中拖动鼠标指针，选取需要的单元格。注意不要拖动行线或列线，否则会改变表的大小。

● 选择整行或整列

选择"文字"工具 T，在要选取的单元格内单击，或选取单元格中的文本，选择"表 > 选择 > 行 / 列"命令，选取整行或整列。

选择"文字"工具 T，将鼠标指针移至表中需要选取的列的上边缘，当指针变为↓形状时，如图 8-55 所示，单击鼠标左键，选取整列，如图 8-56 所示。

姓名	语文↓	历史	政治
张三	90	85	99
李四	70	90	95
王五	67	89	79

图 8-55

姓名	语文	历史	政治
张三	90	85	99
李四	70	90	95
王五	67	89	79

图 8-56

选择"文字"工具 **T**，将鼠标指针移至表中行的左边缘，当指针变为➡形状时，如图 8-57 所示，单击鼠标左键，选取整行，如图 8-58 所示。

姓名	语文	历史	收治
➡张三	90	85	99
李四	70	90	95
王五	67	89	79

图 8-57

姓名	语文	历史	收治
张三	90	85	99
李四	70	90	95
王五	67	89	79

图 8-58

● 选择整个表

选择"文字"工具 **T**，直接选取单元格中的文本或在要选取的单元格内单击，选择"表 > 选择 > 表"命令，或按 Ctrl+Alt+A 组合键，选取整个表。

选择"文字"工具 **T**，将鼠标指针移至表的左上方，当指针变为↘形状时，如图 8-59 所示。单击鼠标左键，选取整个表，如图 8-60 所示。

姓名	语文	历史	收治
张三	90	85	99
李四	70	90	95
王五	67	89	79

图 8-59

姓名	语文	历史	收治
张三	90	85	99
李四	70	90	95
王五	67	89	79

图 8-60

◎ 插入行和列

● 插入行

选择"文字"工具 **T**，在要插入行的前一行或后一行中的任一单元格中单击，如图 8-61 所示。选择"表 > 插入 > 行"命令，或按 Ctrl+9 组合键，弹出"插入行"对话框，设置需要的数值，如图 8-62 所示。单击"确定"按钮，效果如图 8-63 所示。

姓名	语文	历史	收治
张三	90	85	99
李四	70	90|	95
王五	67	89	79

图 8-61

插入行

插入
行数(N): ☒ 2

○ 上(A)
● 下(B)

确定
取消

图 8-62

姓名	语文	历史	收治
张三	90	85	99
李四	70	90	95
王五	67	89	79

图 8-63

"插入行"对话框中各选项的功能如下。

"行数"数值框：用于输入需要插入的行数。

"上""下"数值框：用于指定新行应该显示在当前行的上方还是下方。

选择"文字"工具 **T**，在表中的最后一个单元格中单击插入光标，如图 8-64 所示。按 Tab 键，可插入一行，效果如图 8-65 所示。

● 插入列

选择"文字"工具 **T**，在要插入列的前一列或后一列中的任一单元格中单击，如图 8-66 所示。

选择"表 > 插入 > 列"命令，或按 Ctrl+Alt+9 组合键，弹出"插入列"对话框，设置需要的数值，如图 8-67 所示。单击"确定"按钮，效果如图 8-68 所示。

姓名	语文	历史	收治
张三	90	85	99
李四	70	90	95
王五	67	89	79

图 8-64

姓名	语文	历史	收治
张三	90	85	99
李四	70	90	95
王五	67	89	79

图 8-65

姓名	语文	历史	收治
张三	90	85	99
李四	70	90	95
王五	67	89	79

图 8-66

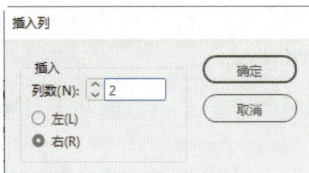

图 8-67

姓名	语文			历史	收治
张三	90			85	99
李四	70			90	95
王五	67			89	79

图 8-68

"插入列"对话框中各选项的功能如下。

"列数"数值框：用于输入需要插入的列数。

"左""右"数值框：用于指定新列应该显示在当前列的左侧还是右侧。

● 插入多行和多列

选择"文字"工具 T，在表中任一位置单击，如图 8-69 所示。选择"表 > 表选项 > 表设置"命令，弹出"表选项"对话框，设置需要的数值，如图 8-70 所示。单击"确定"按钮，效果如图 8-71 所示。

姓名	语文	历史	收治
张三	90	85	99
李四	70	90	95
王五	67	89	79

图 8-69

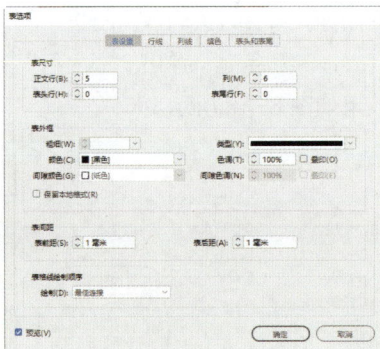

图 8-70

姓名	语文	历史	收治		
张三	90	85	99		
李四	70	90	95		
王五	67	89	79		

图 8-71

在"表尺寸"选项组中的"正文行""表头行""列"和"表尾行"选项中输入新表的行数和列数，可将新行添加到表的底部，新列则添加到表的右侧。

选择"文字"工具 T，在表中任一位置单击，如图 8-72 所示。选择"窗口 > 文字和表 > 表"命令，或按 Shift+F9 组合键，弹出"表"面板，在"行数"和"列数"数值框中分别输入需要的数值，如图 8-73 所示。按 Enter 键，效果如图 8-74 所示。

● 通过拖曳的方式插入行或列

选择"文字"工具 T，将鼠标指针放置在要插入列的前一列边框上，指针变为↔形状，如图 8-75 所示。按住 Alt 键向右拖曳鼠标指针，如图 8-76 所示。松开鼠标，效果如图 8-77 所示。

姓名	语文	历史	收治
张三	90	85	99
李四	70	90	95
王五	67	89	79

图 8-72

图 8-73

姓名	语文	历史	收治
张三	90	85	99
李四	70	90	95
王五	67	89	79

图 8-74

姓名	语文	历史	收治
张三	90	85 ↔	99
李四	70	90	95
王五	67	89	79

图 8-75

姓名	语文	历史	收治	
张三	90	85	99 ↔	
李四	70	90	95	
王五	67	89	79	

图 8-76

姓名	语文	历史	收治
张三	90	85	99
李四	70	90	95
王五	67	89	79

图 8-77

选择"文字"工具 T，将鼠标指针放置在要插入行的前一行的边框上，指针变为↕图标，如图 8-78 所示。按住 Alt 键向下拖曳鼠标指针，如图 8-79 所示。松开鼠标左键，效果如图 8-80 所示。

姓名	语文	历史	收治
张三	90	85	99
李四	70	90 ↕	95
王五	67	89	79

图 8-78

姓名	语文	历史	收治
张三	90	85	99
李四	70	90	95
王五	67	89 ↕	79

图 8-79

姓名	语文	历史	收治
张三	90	85	99
李四	70	90	95
王五	67	89	79

图 8-80

> **提示**
>
> 对于横排表中表的上边缘或左边缘，或者对于直排表中表的上边缘或右边缘，不能通过拖曳的方式来插入行或列，这些区域用于选择行或列。

◎ 删除行、列或表

选择"文字"工具 T，在要删除的行、列或表中单击，或选取表中的文本。选择"表 > 删除 > 行、列或表"命令，删除行、列或表。

选择"文字"工具 T，在表中任一位置单击。选择"表 > 表选项 > 表设置"命令，弹出"表选项"对话框，在"表尺寸"选项组中输入新的行数和列数，单击"确定"按钮，可删除行、列或表。行从表的底部被删除，列从表的左侧被删除。

选择"文字"工具 T，将鼠标指针放置在表的下边框或右边框上，当指针显示为↕或↔形状时，在按住 Alt 键的同时，按住鼠标左键向上或向左拖曳，分别删除行或列。

3．设置表的格式

◎ 调整行、列或表的大小

● 调整行和列的大小

选择"文字"工具 T，在要调整行或列的任一单元格中单击，如图 8-81 所示。选择"表 > 单元格选项 > 行和列"命令，弹出"单元格选项"对话框，在"行高"和"列宽"数值框中输入需要的行高和列宽数值，如图 8-82 所示。单击"确定"按钮，效果如图 8-83 所示。

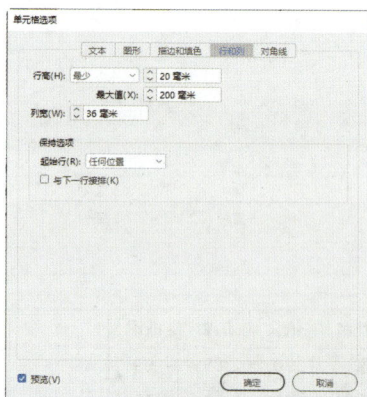

姓名	语文	历史	收治
张三	90	85	99
李四	70	90	95
王五	67	89	79

图 8-81

图 8-82

姓名	语文	历史	收治
张三	90	85	99
李四	70	90	95
王五	67	89	79

图 8-83

　　选择"文字"工具 T，在行或列的任一单元格中单击，如图 8-84 所示。选择"窗口 > 文字和表 > 表"命令，或按 Shift+F9 组合键，弹出"表"面板，在"行高"和"列宽"数值框中分别输入需要的数值，如图 8-85 所示。按 Enter 键，效果如图 8-86 所示。

姓名	语文	历史	收治
张三	90	85	99
李四	70	90	95
王五	67	89	79

图 8-84

图 8-85

姓名	语文	历史	收治
张三	90	85	99
李四	70	90	95
王五	67	89	79

图 8-86

　　选择"文字"工具 T，将鼠标指针放置在列或行的边缘上，当指针变为↔或↕形状时，按住鼠标左键向左或向右拖曳以增加或减小列宽，向上或向下拖曳以增加或减小行高。

　　● 在不改变表宽的情况下调整行高和列宽

　　选择"文字"工具 T，将鼠标指针放置在要调整列宽的列边缘上，指针变为↔形状，如图 8-87 所示。在按住 Shift 键的同时，按住鼠标左键向右（或向左）拖曳，如图 8-88 所示，可增大（或减小）列宽，效果如图 8-89 所示。

姓名	语文	历史	收治
张三	90	85	99
李四	70 ↔	90	95
王五	67	89	79

图 8-87

姓名	语文	历史	收治
张三	90	85	99
李四	70	↔90	95
王五	67	89	79

图 8-88

姓名	语文	历史	收治
张三	90	85	99
李四	70	90	95
王五	67	89	79

图 8-89

　　选择"文字"工具 T，将鼠标指针放置在要调整行高的行边缘上，用相同的方法按住鼠标左键上下拖曳，可在不改变表高的情况下改变行高。

　　选择"文字"工具 T，将鼠标指针放置在表的下边缘，指针变为↕形状，如图 8-90 所示。按住 Shift 键向下（或向上）拖曳鼠标指针，如图 8-91 所示，可增大（或减小）行高，如图 8-92 所示。

　　选择"文字"工具 T，将鼠标指针放置在表的右边缘，用相同的方法按住鼠标左键左右拖曳，可在不改变表高的情况下按比例改变列宽。

姓名	语文	历史	收治
张三	90	85	99
李四	70	90	95
王五	67	89	79

图 8-90

姓名	语文	历史	收治
张三	90	85	99
李四	70	90	95
王五	67	89	79

图 8-91

姓名	语文	历史	收治
张三	90	85	99
李四	70	90	95
王五	67	89	79

图 8-92

● 调整整个表的大小

选择"文字"工具 T，将鼠标指针放置在表的右下角，指针变为形状，如图 8-93 所示，按住鼠标左键向右下方（或向左上方）拖曳，如图 8-94 所示，可增大（或减小）表的大小，效果如图 8-95 所示。

姓名	语文	历史	收治
张三	90	85	99
李四	70	90	95
王五	67	89	79

图 8-93

姓名	语文	历史	收治
张三	90	85	99
李四	70	90	95
王五	67	89	79

图 8-94

姓名	语文	历史	收治
张三	90	85	99
李四	70	90	95
王五	67	89	79

图 8-95

● 均匀分布行和列

选择"文字"工具 T，选取要均匀分布的行，如图 8-96 所示。选择"表 > 均匀分布行"命令，均匀分布选取的单元格所在的行，取消文字的选取状态，效果如图 8-97 所示。

姓名	语文	历史	收治
张三	90	85	99
李四	70	90	95
王五	67	89	79

图 8-96

姓名	语文	历史	收治
张三	90	85	99
李四	70	90	95
王五	67	89	79

图 8-97

选择"文字"工具 T，选取要均匀分布的列，如图 8-98 所示。选择"表 > 均匀分布列"命令，均匀分布选取的单元格所在的列，取消文字的选取状态，效果如图 8-99 所示。

姓名	语文	历史	收治
张三	90	85	99
李四	70	90	95
王五	67	89	79

图 8-98

姓名	语文	历史	收治
张三	90	85	99
李四	70	90	95
王五	67	89	79

图 8-99

◎ 设置表中文本的格式

● 更改表单元格中文本的对齐方式

选择"文字"工具 T，选取要更改文字对齐方式的单元格，如图 8-100 所示。选择"表 > 单元

格选项 > 文本"命令，弹出"单元格选项"对话框，如图 8-101 所示。在"垂直对齐"选项组中分别选取需要的对齐方式，单击"确定"按钮，效果如图 8-102 所示。

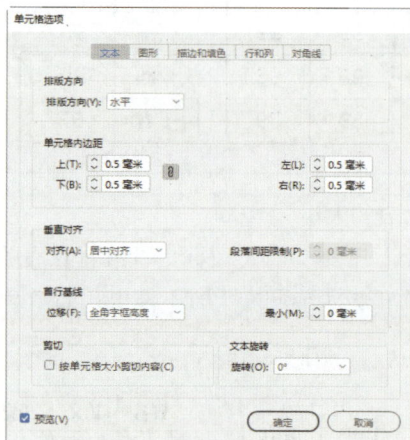

图 8-100   图 8-101

姓名	语文	历史	政治
张三	90	85	99
李四	70	90	95
王五	67	89	79

上对齐

姓名	语文	历史	政治
张三	90	85	99
李四	70	90	95
王五	67	89	79

居中对齐（原）

姓名	语文	历史	政治
张三	90	85	99
李四	70	90	95
王五	67	89	79

下对齐

姓名	语文	历史	政治
张三	90	85	99
李四	70	90	95
王五	67	89	79

撑满

图 8-102

● 旋转单元格中的文本

选择"文字"工具 **T** ，选取要旋转文字的单元格，如图 8-103 所示。选择"表 > 单元格选项 > 文本"命令，弹出"单元格选项"对话框，在"文本旋转"选项组中的"旋转"下拉列表中选取需要的旋转角度，如图 8-104 所示。单击"确定"按钮，效果如图 8-105 所示。

姓名	语文	历史	政治
张三	90	85	99
李四	70	90	95
王五	67	89	79

图 8-103

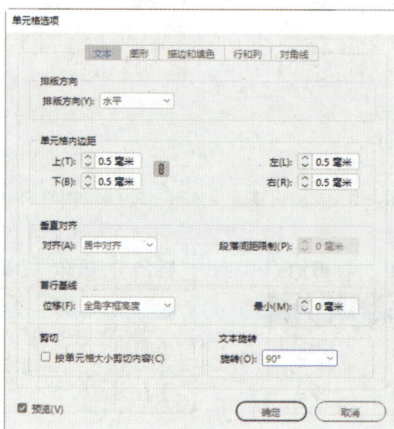

图 8-104

姓名	语文	历史	政治
张三	90	85	99
李四	70	90	95
王五	67	89	79

图 8-105

◎ 合并和拆分单元格

● 合并单元格

选择"文字"工具 **T** ，选取要合并的单元格，如图 8-106 所示。选择"表 > 合并单元格"命令，合并选取的单元格，取消选取状态，效果如图 8-107 所示。

选择"文字"工具 T，在合并后的单元格中单击，如图 8-108 所示。选择"表 > 取消合并单元格"命令，可取消单元格的合并，效果如图 8-109 所示。

图 8-106　　　　图 8-107　　　　图 8-108　　　　图 8-109

● 拆分单元格

选择"文字"工具 T，选取要拆分的单元格，如图 8-110 所示。选择"表 > 水平拆分单元格"命令，水平拆分选取的单元格，取消选取状态，效果如图 8-111 所示。

选择"文字"工具 T，选取要拆分的单元格，如图 8-112 所示。选择"表 > 垂直拆分单元格"命令，垂直拆分选取的单元格，取消选取状态，效果如图 8-113 所示。

图 8-110　　　　图 8-111　　　　图 8-112　　　　图 8-113

4．表格的描边和填色

◎ 更改表边框的描边和填色

选择"文字"工具 T，在表中单击，如图 8-114 所示。选择"表 > 表选项 > 表设置"命令，弹出"表选项"对话框，设置需要的数值，如图 8-115 所示。单击"确定"按钮，效果如图 8-116 所示。

图 8-114　　　　图 8-115　　　　图 8-116

"表选项"对话框中主要选项的功能如下。

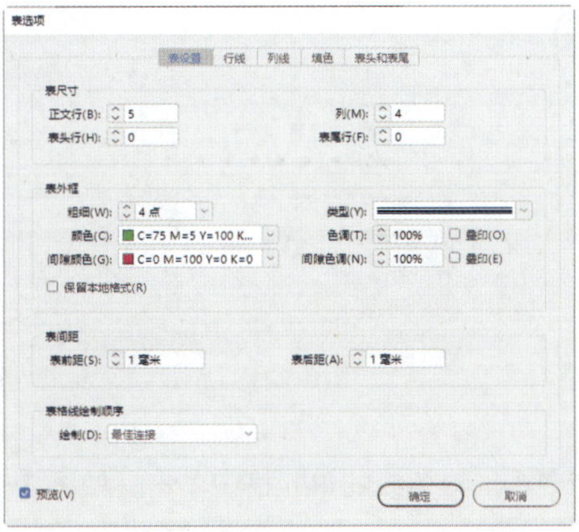

● "表外框"选项组：用于指定表框所需的粗细、类型、颜色、间隙颜色、色调和间隙色调。

● "保留本地格式"复选框：勾选该复选框，个别单元格的描边格式将不被覆盖。

◎ 为单元格添加描边和填色

● 使用单元格选项添加描边和填色

选择"文字"工具 T，在表中选取需要的单元格，如图 8-117 所示。选择"表 > 单元格选项 >
描边和填色"命令，弹出"单元格选项"对话框，设置需要的数值，如图 8-118 所示。单击"确定"
按钮，取消选取状态，如图 8-119 所示。

图 8-117   图 8-118   图 8-119

在"单元格描边"选项组中的预览区域中，单击蓝色线条，可以取消线条的选取状态，线条呈
灰色状态，将不能描边。在其他选项中指定线条所需的粗细、类型、颜色、色调、间隙颜色和间隙色调。

在"单元格填色"选项组中指定单元格所需的颜色和色调。

● 使用"描边"面板添加描边

选择"文字"工具 T，在表中选取需要的单元格，如图 8-120 所示。选择"窗口 > 描边"命令，
或按 F10 键，弹出"描边"面板，在预览区域中取消不需要添加描边的线条，其他选项的设置如
图 8-121 所示。按 Enter 键，取消选取状态，效果如图 8-122 所示。

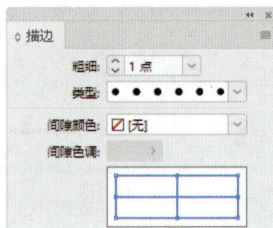

图 8-120   图 8-121   图 8-122

◎ 为单元格添加对角线

选择"文字"工具 T，在要添加对角线的单元格中单击，如图 8-123 所示。选择"表 > 单元格
选项 > 对角线"命令，弹出"单元格选项"对话框，设置需要的数值，如图 8-124 所示。单击"确定"
按钮，效果如图 8-125 所示。

"单元格选项"对话框中主要选项的功能如下。

● 对角线类型按钮：有 4 个按钮，分别是"无对角线"按钮 回 "从左上角到右下角的对角线"
按钮 回、"从右上角到左下角的对角线"按钮 回、"交叉对角线"按钮 回。

- ●"线条描边"选项组：用于指定对角线所需的粗细、类型、颜色、色调、间隙颜色和间隙色调。
- ●"绘制"下拉列表：选择"对角线置于最前"选项可将对角线放置在单元格内容的前面，选择"内容置于最前"选项可将对角线放置在单元格内容的后面。

图 8-123　　　　　　　　　　　图 8-124　　　　　　　　　　　图 8-125

◎ 在表中交替进行描边和填色

● 为表添加交替描边

选择"文字"工具 **T**，在表中单击，如图 8-126 所示。选择"表 > 表选项 > 交替行线"命令，弹出"表选项"对话框，在"交替模式"选项中选择需要的模式，激活下方选项，设置需要的数值，如图 8-127 所示。单击"确定"按钮，效果如图 8-128 所示。

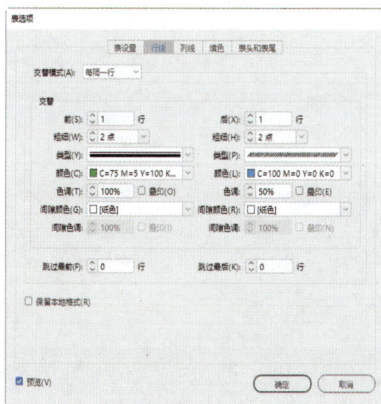

图 8-126　　　　　　　　　　　图 8-127　　　　　　　　　　　图 8-128

在"交替"选项组中设置第一种模式和后续模式的描边或填充色选项。

在"跳过最前"和"跳过最后"数值框中指定表的开始和结束处不显示描边属性的行数或列数。

选择"文字"工具 **T**，在表中单击，选择"表 > 表选项 > 交替列线"命令，弹出"表选项"对话框，用相同的方法设置选项，可以为表添加交替列线。

● 为表添加交替填充

选择"文字"工具 **T**，在表中单击，如图 8-129 所示。选择"表 > 表选项 > 交替填色"命令，弹出"表选项"对话框，在"交替模式"下拉列表中选择需要的模式，激活下方选项，设置需要的数值，如图 8-130 所示。单击"确定"按钮，效果如图 8-131 所示。

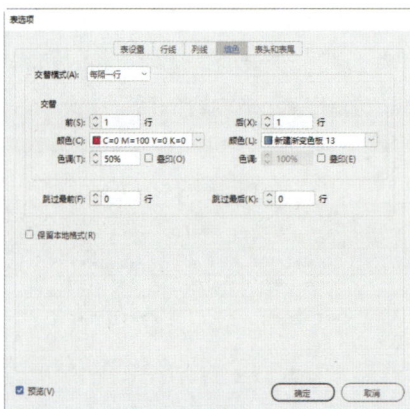

图 8-129　　　　　　　图 8-130　　　　　　　图 8-131

● 关闭表中的交替描边和交替填色

选择"文字"工具 **T**，在表中单击，选择"表 > 表选项 > 交替填色"命令，弹出"表选项"对话框，在"交替模式"下拉列表中选择"无"，单击"确定"按钮，即可关闭表中的交替填色。

8.1.5　【实战演练】制作购物节海报

8.1.5实战演练　　制作购物节海报

8.2　制作卡片

8.2.1　【案例分析】

本案例是制作一款日常问候的卡片，要求作品主题突出，能够表达美好的祝福。

8.2.2　【设计理念】

通过花环的装饰营造自然和温馨的氛围，通过文字和圆环的搭配传达圆满、祝福之意，最终效果如图 8-132 所示（参看素材中的"Ch08 > 效果 > 制作卡片 .indd"）。

制作卡片

图 8-132

8.2.3 【操作步骤】

（1）打开 InDesign CC 2019，选择"文件 > 新建 > 文档"命令，弹出"新建文档"对话框，设置如图 8-133 所示。单击"边距和分栏"按钮，弹出"新建边距和分栏"对话框，设置如图 8-134 所示，单击"确定"按钮，新建一个页面。选择"视图 > 其他 > 隐藏框架边缘"命令，将所绘制图形的框架边缘隐藏。

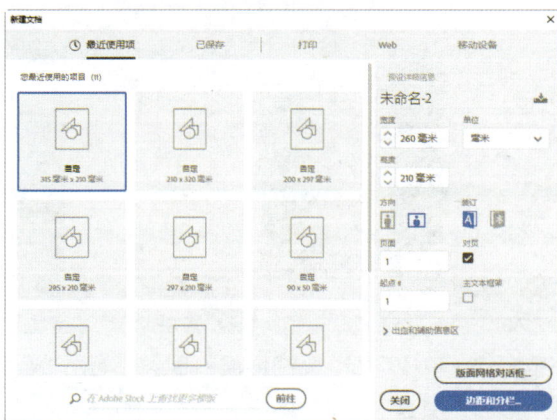

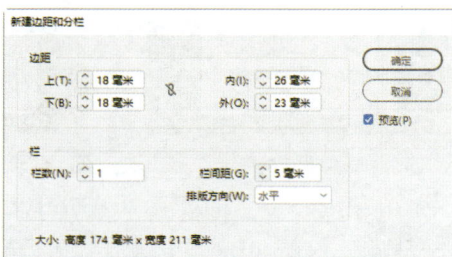

图 8-133　　　　　　　　　　　　　　　　图 8-134

（2）按 F7 键，弹出"图层"面板，双击"图层 1"，弹出"图层选项"对话框，选项的设置如图 8-135 所示。单击"确定"按钮，"图层"面板如图 8-136 所示。

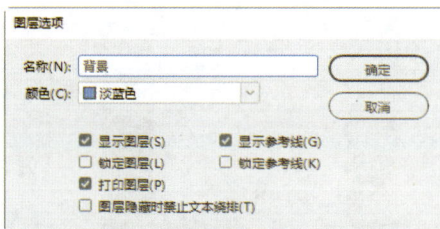

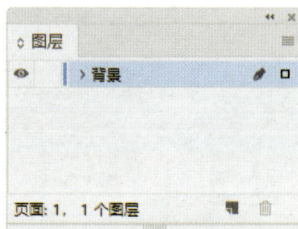

图 8-135　　　　　　　　　　　　　　　　图 8-136

（3）选择"文件 > 置入"命令，弹出"置入"对话框。选择素材中的"Ch08 > 素材 > 制作卡片 > 01"文件，单击"打开"按钮，在页面空白处单击鼠标左键置入图片。选择"自由变换"工具 ，将图片拖曳到适当的位置并调整其大小，效果如图 8-137 所示。

（4）单击"图层"面板右上方的 图标，在弹出的菜单中选择"新建图层"命令，弹出"新建图层"对话框，设置如图 8-138 所示。单击"确定"按钮，新建"小鸟"图层。

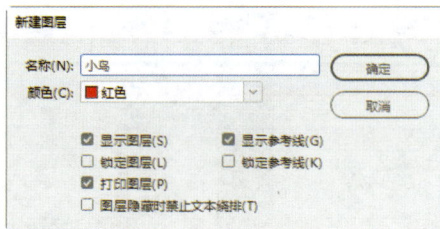

图 8-137　　　　　　　　　　　　　　　　图 8-138

（5）选择"文件 > 置入"命令，弹出"置入"对话框。选择素材中的"Ch08 > 素材 > 制作卡片 > 02"文件，单击"打开"按钮，在页面空白处单击鼠标左键置入图片。选择"自由变换"工具 ，将图片拖曳到适当的位置并调整其大小，效果如图 8-139 所示。

（6）按 Ctrl+C 组合键，复制图片，选择"编辑 > 原位粘贴"命令，将图片原位粘贴。单击"控制面板"中的"垂直翻转"按钮 ，将图片垂直翻转，效果如图 8-140 所示。选择"选择"工具 ，在按住 Shift 键的同时，垂直向下拖曳翻转的图片到适当的位置，效果如图 8-141 所示。

图 8-139

图 8-140

图 8-141

（7）单击"图层"面板右上方的 图标，在弹出的菜单中选择"新建图层"命令，弹出"新建图层"对话框，设置如图 8-142 所示。单击"确定"按钮，新建"花 1"图层。

（8）选择"文件 > 置入"命令，弹出"置入"对话框。选择素材中的"Ch08 > 素材 > 制作卡片 > 03"文件，单击"打开"按钮，在页面空白处单击鼠标左键置入图片。选择"自由变换"工具 ，将图片拖曳到适当的位置并调整其大小，效果如图 8-143 所示。

图 8-142

图 8-143

（9）选择"选择"工具 ，在"控制"面板中将"旋转角度"下拉列表 设为 -129°，按 Enter 键，旋转图片，效果如图 8-144 所示。

（10）按 Ctrl+C 组合键，复制图片，选择"编辑 > 原位粘贴"命令，将图片原位粘贴。单击"控制"面板中的"水平翻转"按钮 ，将图形水平翻转，效果如图 8-145 所示。在按住 Shift 键的同时，水平向左拖曳翻转的图片到适当的位置，效果如图 8-146 所示。

图 8-144

图 8-145

图 8-146

（11）选择"选择"工具 ▶，在按住 Shift 键的同时，单击选取原图片，如图 8-147 所示。按 Ctrl+C 组合键，复制图片，选择"编辑 > 原位粘贴"命令，将图片原位粘贴。单击"控制"面板中的"垂直翻转"按钮 ，将图片垂直翻转，效果如图 8-148 所示。在按住 Shift 键的同时，垂直向下拖曳翻转的图片到适当的位置，效果如图 8-149 所示。

图 8-147　　　　　　　　　　图 8-148　　　　　　　　　　图 8-149

（12）使用上述方法新建图层，并置入相应的图片，调整其大小和角度，效果如图 8-150 所示，"图层"面板如图 8-151 所示。

（13）单击"图层"面板右上方的 ≡ 图标，在弹出的菜单中选择"新建图层"命令，弹出"新建图层"对话框，设置如图 8-152 所示。单击"确定"按钮，新建"文字"图层。

 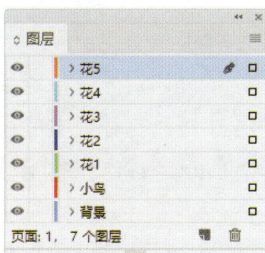 

图 8-150　　　　　　　　　　图 8-151　　　　　　　　　　图 8-152

（14）选择"文字"工具 T，在页面中拖曳出文本框，输入需要的文字并选取文字，在"控制"面板中分别选择合适的字体和文字大小，效果如图 8-153 所示。

（15）选择"文字"工具 T，选取文字"GOOD LUCK"，在"控制"面板中将"行距"下拉列表 (14.4 点) 设为 65，按 Enter 键，效果如图 8-154 所示。设置文字填充色的 CMYK 值为 56、100、63、21，填充文字，取消文字的选取状态，效果如图 8-155 所示。卡片制作完成。

  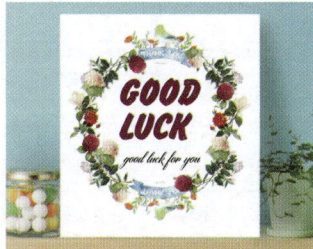

图 8-153　　　　　　　　　　图 8-154　　　　　　　　　　图 8-155

8.2.4 【相关知识】

1. 创建图层并指定图层选项

选择"窗口 > 图层"命令，弹出"图层"面板，如图 8-156 所示。单击面板右上方的 ≡ 图标，在弹出的菜单中选择"新建图层"命令，弹出"新建图层"对话框，如图 8-157 所示，设置需要的选项。单击"确定"按钮，"图层"面板如图 8-158 所示。

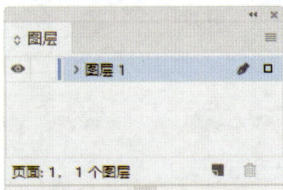
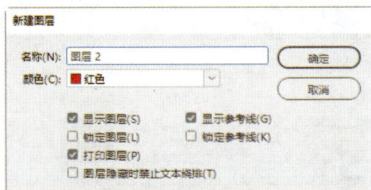
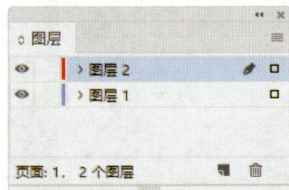

图 8-156　　　　　　　　　图 8-157　　　　　　　　　图 8-158

"新建图层"对话框中各选项的功能如下。

● "名称"文本框：用于输入图层的名称。

● "颜色"下拉列表：用于指定颜色以标识该图层上的对象。

● "显示图层"复选框：用于使图层可见并可打印。与在"图层"面板中使眼睛图标 ◉ 可见的效果相同。

● "显示参考线"复选框：用于使图层上的参考线可见。

● "锁定图层"复选框：用于防止对图层上的任何对象进行更改。

● "锁定参考线"复选框：用于防止对图层上的所有标尺参考线进行更改。

● "打印图层"复选框：用于允许图层被打印。当将文件打印或导出至 PDF 时，可以决定是否打印隐藏图层和非打印图层。

● "图层隐藏时禁止文本绕排"复选框：在图层处于隐藏状态并且该图层包含应用了文本绕排的文本时，若选择该选项，可使其他图层上的文本正常排列。

在"图层"面板中单击"创建新图层"按钮 ▣，可以创建新图层。双击该图层，弹出"图层选项"对话框，设置需要的选项，单击"确定"按钮，可编辑图层。

2. 在图层上添加对象

在"图层"面板中选取要添加对象的图层，使用"置入"命令可以在选取的图层上添加对象。直接在页面中绘制需要的图形，也可添加对象。

在隐藏或锁定的图层上，无法绘制或置入新对象。

◎ 选择图层上的对象

选择"选择"工具 ▶，可选取任意图层上的图形对象。

在按住 Alt 键的同时，单击"图层"面板中的图层，可选取当前图层上的所有对象。

◎ 移动图层上的对象

选择"选择"工具 ▶，选取要移动的对象，如图 8-159 所示。在"图层"面板中拖曳图层列表右侧的彩色点到目标图层，如图 8-160 所示，将选定对象移动到另一个图层。当再次选取对象时，选取状态如图 8-161 所示，"图层"面板如图 8-162 所示。

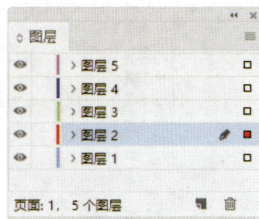

图 8-159   图 8-160   图 8-161   图 8-162

选择"选择"工具 ▶，选取要移动的对象，如图 8-163 所示。按 Ctrl+X 组合键，剪切图形，在"图层"面板中选取要移动到的目标图层，如图 8-164 所示。按 Ctrl+V 组合键，粘贴图形，效果如图 8-165 所示。

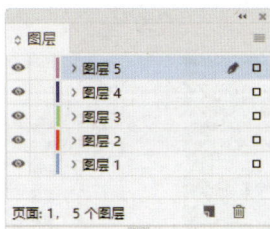

图 8-163   图 8-164   图 8-165

◎ 复制图层上的对象

选择"选择"工具 ▶，选取要复制的对象，如图 8-166 所示。在按住 Alt 键的同时，在"图层"面板中拖曳图层列表右侧的彩色点到目标图层，如图 8-167 所示，可将选定对象复制到另一个图层。微移复制的图形，效果如图 8-168 所示。

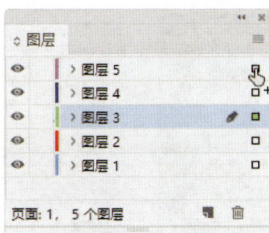

图 8-166   图 8-167   图 8-168

> **提示**
>
> 在按住 Ctrl 键的同时，拖曳图层列表右侧的彩色点，可将选定对象移动到隐藏或锁定的图层；在按住 Ctrl+Alt 组合键的同时，拖曳图层列表右侧的彩色点，可将选定对象复制到隐藏或锁定的图层。

3．更改图层的顺序

在"图层"面板中选取要调整的图层，如图 8-169 所示。按住鼠标左键拖曳图层到需要的位置，如图 8-170 所示。松开鼠标，效果如图 8-171 所示。

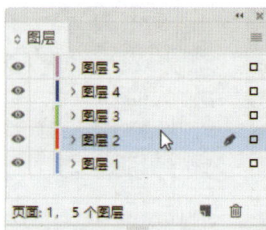
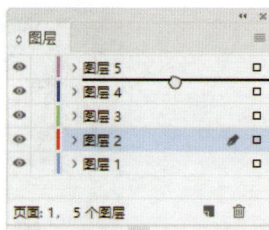
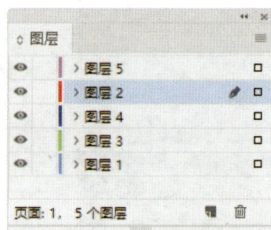

图 8-169　　　　　　　　　　图 8-170　　　　　　　　　　图 8-171

用户也可同时选取多个图层，调整图层的顺序。

4．显示或隐藏图层

在"图层"面板中选取要隐藏的图层，如图 8-172 所示，原效果如图 8-173 所示。单击图层列表左侧的眼睛图标 隐藏该图层，"图层"面板如图 8-174 所示，效果如图 8-175 所示。

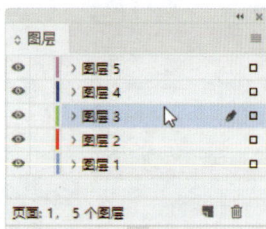

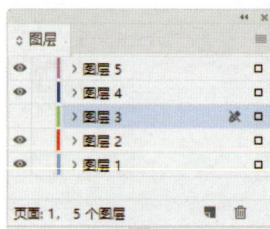

图 8-172　　　　　　图 8-173　　　　　　图 8-174　　　　　　图 8-175

在"图层"面板中选取要显示的图层，如图 8-176 所示，原效果如图 8-177 所示。单击面板右上方的图标 ≡，在弹出的菜单中选择"隐藏其他"命令，可隐藏除选取图层外的所有图层。"图层"面板如图 8-178 所示，效果如图 8-179 所示。

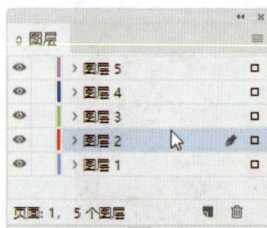

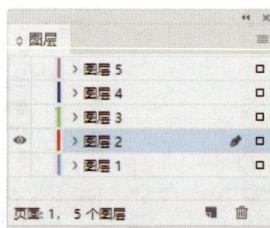
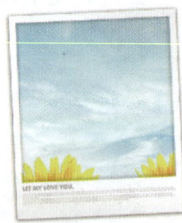

图 8-176　　　　　　图 8-177　　　　　　图 8-178　　　　　　图 8-179

在"图层"面板中单击右上方的 ≡ 图标，在弹出的菜单中选择"显示全部图层"命令，可显示所有图层。

隐藏的图层不能编辑，且不会显示在屏幕上，打印时也不显示。

5．锁定或解锁图层

在"图层"面板中选取要锁定的图层，如图 8-180 所示。单击图层列表左侧的空白方格 ，如图 8-181 所示，显示锁定图标 表示锁定图层。"图层"面板如图 8-182 所示。

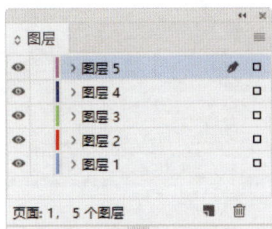
图 8-180

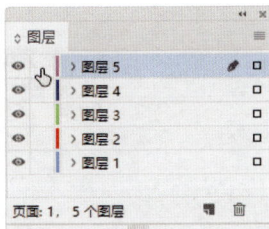
图 8-181

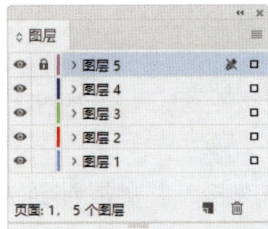
图 8-182

在"图层"面板中选取不需要锁定的图层，如图 8-183 所示。单击"图层"面板右上方的≡图标，在弹出的菜单中选择"锁定其他"命令，可锁定除选取图层外的所有图层。"图层"面板如图 8-184 所示。

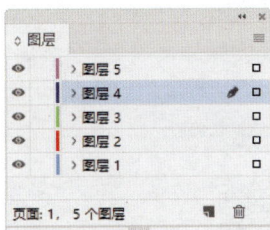
图 8-183

图 8-184

在"图层"面板中单击右上方的≡图标，在弹出的菜单中选择"解锁全部图层"命令，可解除所有图层的锁定。

6．删除图层

在"图层"面板中选取要删除的图层，如图 8-185 所示，原效果如图 8-186 所示。单击面板下方的"删除选定图层"按钮⬛，删除选取的图层。"图层"面板如图 8-187 所示，效果如图 8-188 所示。

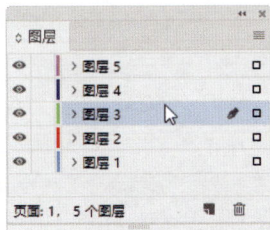
图 8-185

图 8-186

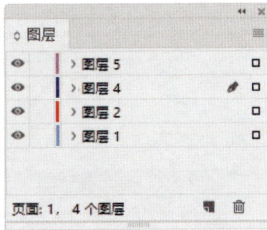
图 8-187

图 8-188

在"图层"面板中选取要删除的图层，单击面板右上方的≡图标，在弹出的菜单中选择"删除图层'图层名称'"命令，可删除选取的图层。

按住 Ctrl 键的同时，在"图层"面板中单击选取多个要删除的图层，然后单击面板中的"删除选定图层"按钮⬛或使用面板菜单中的"删除图层'图层名称'"命令，可删除多个图层。

> **提示**　　　要删除所有空图层，可单击"图层"面板右上方的 ≡ 图标，在弹出的菜单中选择"删除未使用的图层"命令。

8.2.5　【实战演练】制作房地产广告

8.2.5实战演练　　　制作房地产广告1　　　制作房地产广告2

8.3　综合演练——制作旅游广告

8.3综合演练　　　制作旅游广告

09

第9章
页面编排

本章主要介绍在InDesign CC 2019中编排页面的方法，具体讲解页面、跨页和主页的概念，以及页码、章节页码的设置和"页面"面板的使用方法。通过本章的学习，读者可以快捷地编排页面，减少不必要的重复工作，使排版工作变得更加高效。

知识目标

- ✓ 熟悉版面布局的设置方法
- ✓ 掌握主页的使用方法
- ✓ 掌握页面和跨页的设计技巧

能力目标

- ✳ 掌握美食书籍封面的制作方法
- ✳ 掌握美妆杂志封面的制作方法
- ✳ 掌握美食书籍内页的制作方法
- ✳ 掌握美妆杂志内页的制作方法
- ✳ 掌握美食杂志内页的制作方法

素质目标

- ○ 培养高效协同能力
- ○ 培养运用科学方法解决问题的能力

9.1　制作美食图书封面

9.1.1　【案例分析】

本案例是为《美味家常菜》一书设计封面，要求突出美食书籍的特色和亮点。

9.1.2　【设计理念】

放置精选的美食照片占据整个封面空间，突出主题；用大号纯色文字展示图书的名称，方便读者以最快的速度和最便捷的方式了解本书的内涵；整个画面生动、鲜活，诱发读者的食欲，最终效果如图 9-1 所示（参看素材中的"Ch09 > 效果 > 制作美食图书封面 .indd"）。

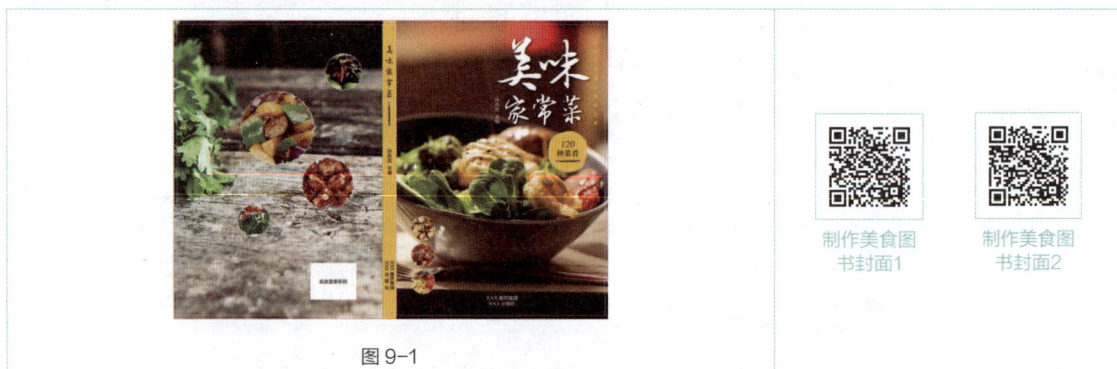

图 9-1

9.1.3　【操作步骤】

1.制作封面

（1）打开 InDesign CC 2019，选择"文件 > 新建 > 文档"命令，弹出"新建文档"对话框，设置如图 9-2 所示。单击"边距和分栏"按钮，弹出"新建边距和分栏"对话框，设置如图 9-3 所示，单击"确定"按钮，新建一个页面。选择"视图 > 其他 > 隐藏框架边缘"命令，将所绘制图形的框架边缘隐藏。

图 9-2

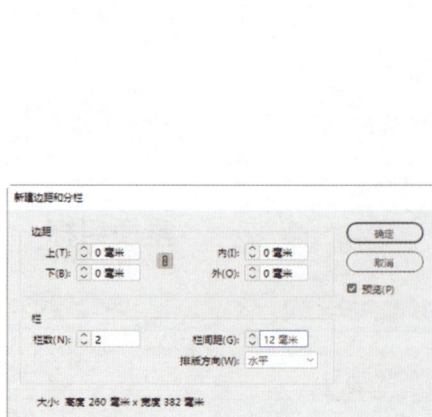

图 9-3

（2）选择"文件 > 置入"命令，弹出"置入"对话框。选择素材中的"Ch09 > 素材 > 制作美

食图书封面 > 01"文件，单击"打开"按钮，在页面空白处单击鼠标左键置入图片。选择"自由变换"工具 ⛶，拖曳图片到适当的位置并调整其大小。选择"选择"工具 ▶，裁剪图片，效果如图 9-4 所示。

（3）选择"文字"工具 T，在页面中拖曳出两个文本框，输入需要的文字。选取输入的文字，在"控制"面板中选择合适的字体并设置文字大小，填充文字为白色。取消文字的选取状态，效果如图 9-5 所示。

图 9-4　　　　　　　　　　　　　　图 9-5

（4）选择"文字"工具 T，选取文字"美味"。在"控制"面板中将"字符间距"下拉列表 VA ⬦ 0 设为 –250，按 Enter 键，效果如图 9-6 所示。选取文字"家常菜"，在"控制"面板中将"字符间距"下拉列表 VA ⬦ 0 设为 –180，按 Enter 键，效果如图 9-7 所示。

图 9-6　　　　　　　　　　　　　　图 9-7

（5）选择"选择"工具 ▶，在按住 Shift 键的同时，选取输入的文字。单击"控制"面板中的"向选定的目标添加对象效果"按钮 fx，在弹出的菜单中选择"投影"命令，弹出"效果"对话框，选项的设置如图 9-8 所示。单击"确定"按钮，效果如图 9-9 所示。

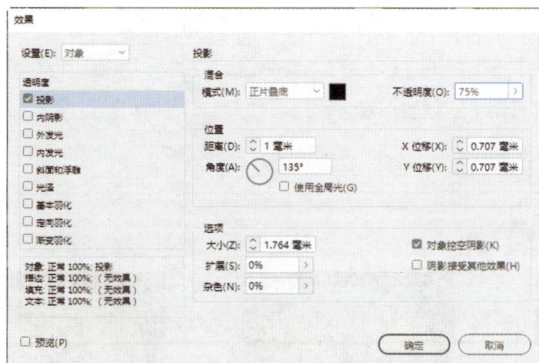

图 9-8　　　　　　　　　　　　　　图 9-9

（6）选择"直排文字"工具 IT，在适当的位置拖曳出文本框，输入需要的文字。选取输入的文字，在"控制"面板中分别选择合适的字体并设置文字大小。取消文字的选取状态，效果如图 9-10 所示。选取左侧文字"孙岚岚　主编"，填充文字为白色，效果如图 9-11 所示。

（7）选取右侧需要的文字，在"控制"面板中将"字符间距"下拉列表 ⚙ 0 设为 1 260，按 Enter 键，效果如图 9-12 所示。设置文字填充色的 CMYK 值为 0、36、100、0，填充文字，取消选取状态，效果如图 9-13 所示。

（8）选择"钢笔"工具 ✐，在适当的位置绘制一个闭合路径。设置图形填充色的 CMYK 值为 0、36、100、0，填充图形，并设置描边色为无，效果如图 9-14 所示。

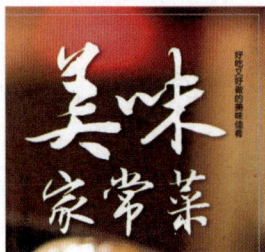 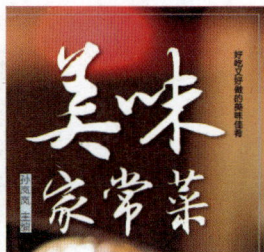 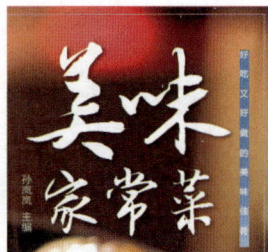 

图 9-10　　　　　　　图 9-11　　　　　　　图 9-12　　　　　　　图 9-13

（9）选择"椭圆"工具 ◯，在按住 Alt+Shift 组合键的同时，以闭合路径的中心为圆心绘制一个圆形，填充描边为白色，效果如图 9-15 所示。

 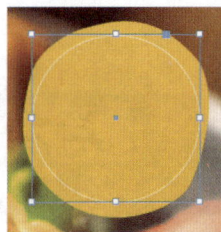

图 9-14　　　　　　　　　　　　　　　图 9-15

（10）选择"窗口 > 描边"命令，弹出"描边"面板，在"类型"下拉列表中选择"圆点"，其他选项的设置如图 9-16 所示。按 Enter 键，效果如图 9-17 所示。

（11）选择"文字"工具 T，在适当的位置拖曳出两个文本框，输入需要的文字。选取输入的文字，在"控制"面板中选择合适的字体并设置文字大小，效果如图 9-18 所示。

（12）选择"选择"工具 ▶，在按住 Shift 键的同时，选取输入的文字。单击工具箱中的"格式针对文本"按钮 T，设置文字填充色的 CMYK 值为 68、82、100、33，填充文字，效果如图 9-19 所示。

 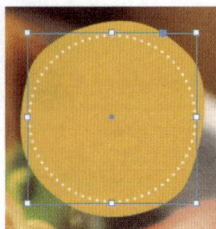  

图 9-16　　　　　　　图 9-17　　　　　　　图 9-18　　　　　　　图 9-19

（13）选取数字"120"，在"控制"面板中将"X 切变角度"下拉列表 ⌿ ⟳ 0° 设为 10°，按 Enter 键，效果如图 9-20 所示。

（14）取消选取状态。选择"文件 > 置入"命令，弹出"置入"对话框。选择素材中的"Ch09 > 素材 > 制作美食图书封面 > 02"文件，单击"打开"按钮，在页面空白处单击鼠标左键置入图片。选择"自由变换"工具 ▦，拖曳图片到适当的位置并调整其大小，效果如图 9-21 所示。单击"控制"面板中的"逆时针旋转 90° "按钮 ↺，旋转图片，效果如图 9-22 所示。

图 9-20   图 9-21   图 9-22

（15）选择"多边形"工具 ◎，在页面中单击鼠标左键，弹出"多边形"对话框，选项的设置如图 9-23 所示。单击"确定"按钮，得到一个多角星形。选择"选择"工具 ▶，拖曳多角星形到适当的位置，填充描边为白色，并在"控制"面板中将"描边粗细"下拉列表 ⟳ 0.283 点 设为 0.75 点。按 Enter 键，效果如图 9-24 所示。

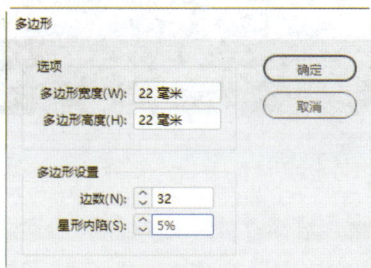

图 9-23   图 9-24

（16）保持图形的选取状态。选择"对象 > 角选项"命令，在弹出的对话框中进行设置，如图 9-25 所示。单击"确定"按钮，效果如图 9-26 所示。

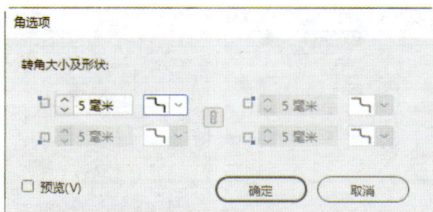
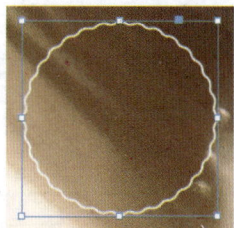

图 9-25   图 9-26

（17）取消选取状态。选择"文件 > 置入"命令，弹出"置入"对话框，选择素材中的"Ch09 > 素材 > 制作美食图书封面 > 03"文件，单击"打开"按钮，在页面空白处单击鼠标左键置入图片。选择"自由变换"工具 ▦，拖曳图片到适当的位置并调整其大小，效果如图 9-27 所示。

（18）按 Ctrl+X 组合键，将图片剪切到剪贴板上。选择"选择"工具 ，选中下方的圆角星形，选择"编辑 > 贴入内部"命令，将图片贴入圆角星形的内部，效果如图 9-28 所示。使用相同的方法置入其他图片并制作图 9-29 所示的效果。

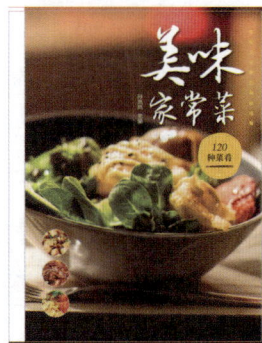

图 9-27   图 9-28   图 9-29

（19）选择"文字"工具 ，在适当的位置拖曳出一个文本框，输入需要的文字。将输入的文字选取，在"控制"面板中选择合适的字体并设置文字大小，填充文字为白色，效果如图 9-30 所示。单击"控制"面板中的"对齐末行居中"按钮 ，对齐效果如图 9-31 所示。

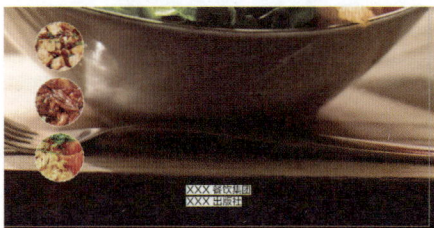

图 9-30   图 9-31

2．制作封底和书脊

（1）选择"文件 > 置入"命令，弹出"置入"对话框。选择素材中的"Ch09 > 素材 > 制作美食图书封面 > 06"文件，单击"打开"按钮，在页面空白处单击鼠标左键置入图片。选择"自由变换"工具 ，拖曳图片到适当的位置并调整其大小，选择"选择"工具 ，裁剪图片，效果如图 9-32 所示。

（2）选择"选择"工具 ，选取封面中需要的图片。在按住 Alt 键的同时，向右拖曳图片到封底中适当的位置，复制图片，效果如图 9-33 所示。

图 9-32   图 9-33

（3）选择"直接选择"工具，鼠标指针变为"抓手"图标，在图片上单击选取图片，如图 9-34 所示。按 Delete 键将其删除，效果如图 9-35 所示。选择"选择"工具，选取多角星形。在按住 Alt+Shift 组合键的同时，向外拖曳右上角的控制手柄，等比例放大图形，效果如图 9-36 所示。

图 9-34　　　　　　　　　　　　图 9-35　　　　　　　　　　图 9-36

（4）取消选取状态。选择"文件 > 置入"命令，弹出"置入"对话框。选择素材中的"Ch09 > 素材 > 制作美食图书封面 > 07"文件，单击"打开"按钮，在页面空白处单击鼠标左键置入图片。选择"自由变换"工具，拖曳图片到适当的位置并调整其大小，效果如图 9-37 所示。

（5）按 Ctrl+X 组合键，将图片剪切到剪贴板上。选择"选择"工具，选中下方的多角星形，选择"编辑 > 贴入内部"命令，将图片贴入多角星形的内部，效果如图 9-38 所示。使用相同的方法置入其他图片并制作图 9-39 所示的效果。

图 9-37　　　　　　　　　　　图 9-38　　　　　　　　　　图 9-39

（6）选择"矩形"工具，在适当的位置拖曳鼠标指针绘制一个矩形，填充图形为白色，并设置描边色为无，效果如图 9-40 所示。

（7）选择"文字"工具，在适当的位置拖曳出一个文本框，输入需要的文字。选取输入的文字，在"控制"面板中选择合适的字体并设置文字大小。取消文字的选取状态，效果如图 9-41 所示。

图 9-40　　　　　　　　　　　　　　　　图 9-41

（8）选择"矩形"工具 ，在书脊上绘制一个矩形，设置图形填充色的 CMYK 值为 0、36、100、0，填充图形，并设置描边色为无，效果如图 9-42 所示。

（9）选择"直排文字"工具 ，在适当的位置拖曳出一个文本框，输入需要的文字。选取输入的文字，在"控制"面板中选择合适的字体并设置文字大小，效果如图 9-43 所示。

图 9-42

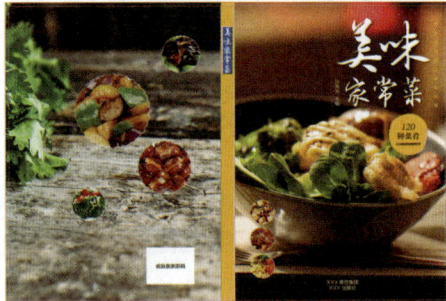
图 9-43

（10）保持文字的选取状态，在"控制"面板中将"字符间距"下拉列表 设为200，按 Enter 键，效果如图 9-44 所示。设置文字填充色的 CMYK 值为 68、82、100、33，填充文字。取消选取状态，效果如图 9-45 所示。

（11）选择"选择"工具 ，选取封面中需要的图片，如图 9-46 所示。在按住 Alt 键的同时，向右拖曳图片到书脊上适当的位置，复制图片。单击"控制"面板中的"顺时针旋转 90°"按钮 ，旋转图片，效果如图 9-47 所示。

（12）用相同的方法分别复制封面中其余的文字到书脊中，效果如图 9-48 所示。美食图书封面制作完成。

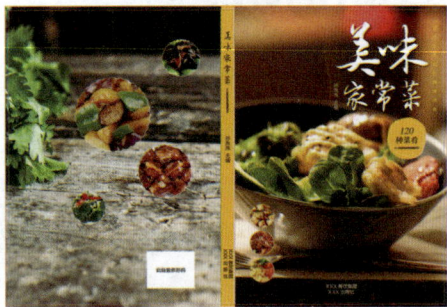

图 9-44   图 9-45   图 9-46   图 9-47   图 9-48

9.1.4 【相关知识】

1. 设置基本布局

在 InDesign CC 2019 中，建立新文档，设置页面、版心和分栏，指定出血和辅助信息区等为基本版面布局。

◎ 文档窗口一览

在文档窗口中，新建一个页面，如图 9-49 所示。

页面的结构性区域由以下颜色标出：黑线标明跨页中每个页面的尺寸，细的阴影有助于从粘贴板中区分出跨页；围绕页面外的红色线代表出血区域；围绕页面外的蓝色线代表辅助信息区域；品红色的线是边空线（或称版心线）；紫色线是分栏线；其他颜色的线条是辅助线。当辅助线出现时，在被选取的情况下，辅助线的颜色显示为所在图层的颜色。

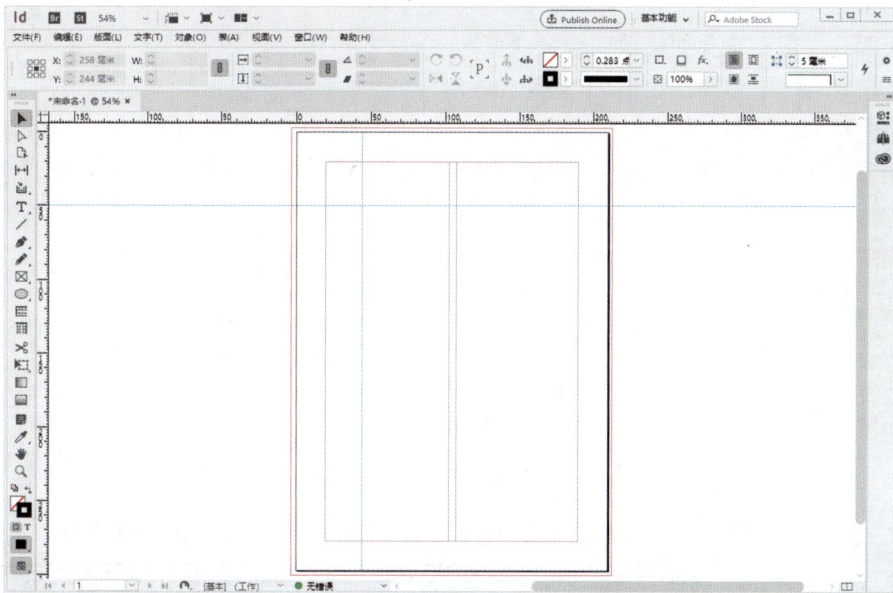

图 9-49

> **提示**　分栏线出现在版心线的前面。当分栏线正好在版心线之上时，会遮住版心线。

◎ 更改文档设置

选择"文件 > 文档设置"命令，弹出"文档设置"对话框，单击"出血和辅助信息区"左侧的箭头按钮，展开"出血和辅助信息区"设置区，如图 9-50 所示。单击"调整版面"按钮，弹出"调整版面"对话框，如图 9-51 所示。指定文档选项，单击"确定"按钮，即可更改文档设置。

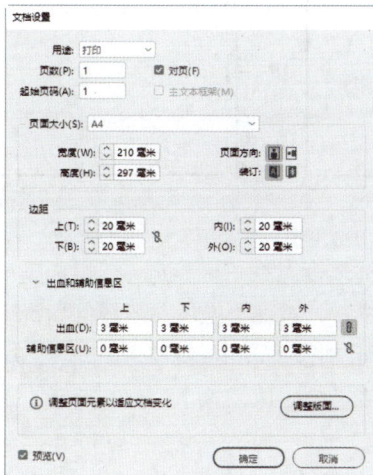

图 9-50

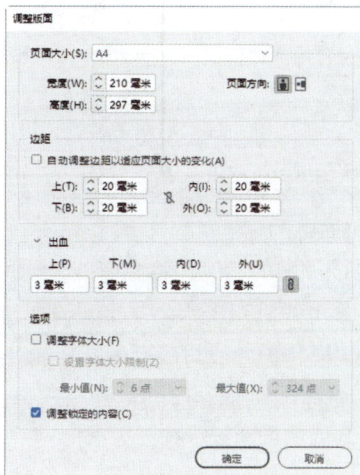

图 9-51

勾选"自动调整边距以适应页面大小的变化"复选框，可以按设置的页面大小，自动调整边距。

◎ 更改页边距和分栏

在"页面"面板中选择要修改的跨页或页面，选择"版面 > 边距和分栏"命令，弹出"边距和分栏"对话框，如图 9-52 所示。

"边距和分栏"对话框中主要选项的功能如下。

● "边距"选项组：用于指定边距参考线到页面各边缘的距离。

● "栏"选项组：用于设置创建的分栏数目、栏间宽度值和栏的排版方向。

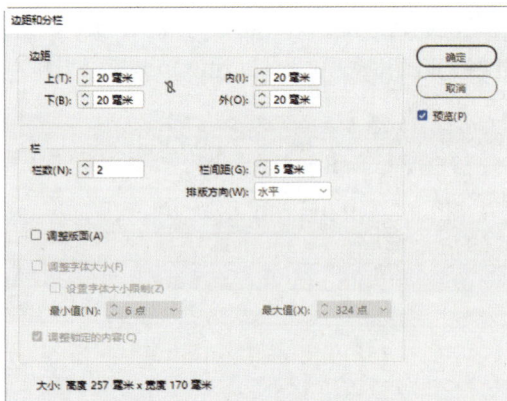

图 9-52

● "调整版面"复选框：勾选该复选框，下方选项被激活，可调整文档版面中的字体大小、字体大小限制和锁定的内容等设置。

> **提示** 选择"视图 > 网格和参考线 > 锁定栏参考线"命令，解除栏参考线的锁定。选择"选择"工具 ▶，选取需要的栏参考线，并将其拖曳到适当的位置可以创建不相等的栏宽。

2. 版面精确布局

在 InDesign CC 2019 中，标尺、网格和参考线可以给出对象的精确位置，使版面布局更精确。

◎ 标尺参考线

将鼠标指针定位到水平（或垂直）标尺上，如图 9-53 所示。单击并按住鼠标左键不放拖曳参考线到目标跨页上需要的位置，松开鼠标，创建标尺参考线，如图 9-54 所示。如果将参考线拖曳到粘贴板上，它将跨越该粘贴板和跨页，如图 9-55 所示；如果将参考线拖曳到页面上，它将变为页面参考线。

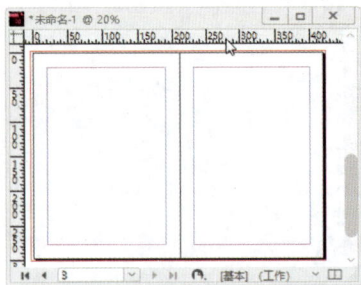

图 9-53

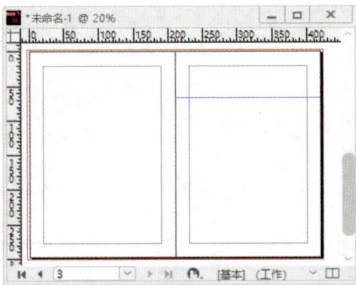

图 9-54

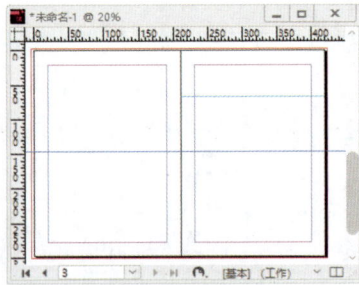

图 9-55

在按住 Ctrl 键的同时，将参考线从水平（或垂直）标尺拖曳到目标跨页，可以在粘贴板不可见时创建跨页参考线。双击水平（或垂直）标尺上的特定位置，可在不拖曳参考线的情况下创建跨页参考线。如果要将参考线与最近的刻度线对齐，在双击标尺时按住 Shift 键即可。

选择"版面 > 创建参考线"命令，弹出"创建参考线"对话框，如图 9-56 所示，通过设置相应选项可以精确地创建参考线。

按 Ctrl+Alt+G 组合键，选择目标跨页上的所有标尺参考线，或选择一个或多个标尺参考线，按

Delete 键，可删除参考线。也可以拖曳标尺参考线
到标尺上，将其删除。

◎ 网格和参考线

选择"视图 > 网格和参考线 > 显示 / 隐藏文档网
格"命令，可以显示或隐藏文档网格；选择"视图 >
网格和参考线 > 显示 / 隐藏参考线"命令，可以显示
或隐藏所有边距、栏和标尺的参考线；选择"视图 >
网格和参考线 > 锁定参考线"命令，可以锁定参
考线。

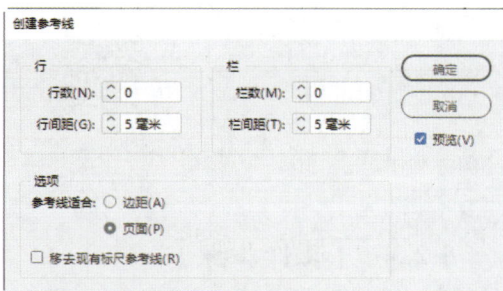

图 9-56

9.1.5　【实战演练】制作美妆杂志封面

9.1.5实战演练　　制作美妆杂志封面1　　制作美妆杂志封面2

9.2　制作美食图书内页

9.2.1　【案例分析】

本案例是为《美味家常菜》一书制作内页，要求内页运用图片和讲解文字的搭配，充分展现出
食物的健康、可口，并形象地说明菜肴的配料和制作流程。

9.2.2　【设计理念】

通过浅色渐变背景搭配精美的菜肴图片，展现出菜肴的选料精良、美味可口；通过美观的标题
文字，突出制作主题，且便于读者浏览，最终效果如图 9-57 所示（参看素材中的"Ch09 > 效果 >
制作美食图书内页 .indd"）。

图 9-57

制作美食图　　制作美食图　　制作美食图
书内页1　　　书内页2　　　书内页3

9.2.3 【操作步骤】

1. 制作主页

（1）打开 InDesign CC 2019，选择"文件 > 新建 > 文档"命令，弹出"新建文档"对话框，设置如图 9-58 所示。单击"边距和分栏"按钮，弹出"新建边距和分栏"对话框，设置如图 9-59 所示，单击"确定"按钮，新建一个页面。选择"视图 > 其他 > 隐藏框架边缘"命令，将所绘制图形的框架边缘隐藏。

图 9-58

图 9-59

（2）选择"窗口 > 页面"命令，弹出"页面"面板，双击第 1 页的页面图标，如图 9-60 所示。选择"版面 > 页码和章节选项"命令，弹出"页码和章节选项"对话框，设置如图 9-61 所示。单击"确定"按钮，页面面板显示如图 9-62 所示。

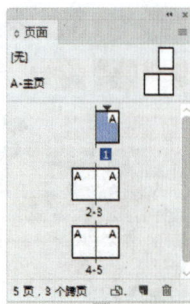

图 9-60

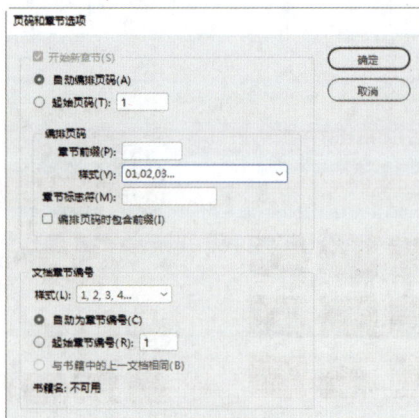

图 9-61

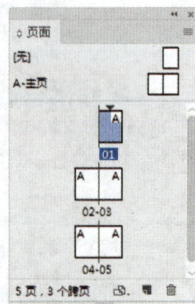

图 9-62

（3）在"状态栏"中单击"文档所属页面"选项右侧的按钮 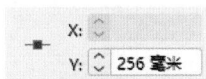，在弹出的页码中选择"A-主页"。按Ctrl+R组合键，显示标尺。选择"选择"工具 ▶，在页面外拖曳出一条水平参考线。在"控制"面板中将"Y"轴选项设为"256毫米"，如图9-63所示。按Enter键确定操作，效果如图9-64所示。

（4）选择"选择"工具 ▶，在页面中拖曳出一条垂直参考线。在"控制"面板中将"X"轴选项设为"4毫米"，如图9-65所示。按Enter键确定操作，效果如图9-66所示。保持参考线的选取状态，并在"控制"面板中将"X"轴选项设为"366毫米"，按Alt+Enter组合键，确定操作，效果如图9-67所示。选择"视图 > 网格和参考线 > 锁定参考线"命令，将参考线锁定。

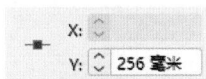
图 9-63

图 9-64

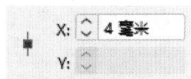
图 9-65

图 9-66

图 9-67

（5）选择"文字"工具 T，在适当的位置拖曳出一个文本框。按Ctrl+Shift+Alt+N组合键，在文本框中添加自动页码，如图9-68所示。将添加的页码选取，在"控制"面板中选择合适的字体并设置文字大小。单击"居中对齐"按钮 ≡，效果如图9-69所示。

（6）选择"选择"工具 ▶，选取页码。选择"对象 > 适合 > 使框架适合内容"命令，使文本框适合文字，如图9-70所示。选择"选择"工具 ▶，在按住Alt+Shift组合键的同时，向右拖曳页码到跨页上适当的位置，复制页码，效果如图9-71所示。

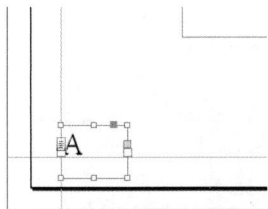
图 9-68

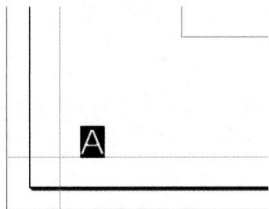
图 9-69

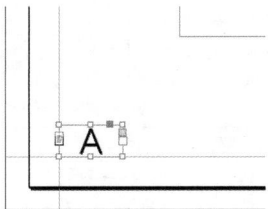
图 9-70

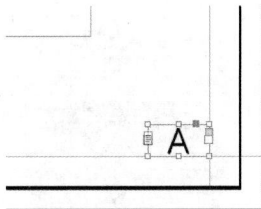
图 9-71

2．制作内页 02

（1）在"状态栏"中单击"文档所属页面"选项右侧的按钮 ⌄，在弹出的页码中选择"02"。选择"矩形"工具 ▢，在页面中绘制一个矩形，如图9-72所示。

（2）保持图形的选取状态。选择"对象 > 角选项"命令，在弹出的"角选项"对话框中进行设

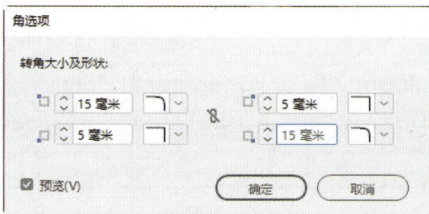

置，如图 9-73 所示。单击"确定"按钮，效果如图 9-74 所示。

图 9-72　　　　　　　　　　　　　图 9-73　　　　　　　　　　　　　图 9-74

（3）取消选取状态。选择"文件 > 置入"命令，弹出"置入"对话框。选择素材中的"Ch09 > 素材 > 制作美食图书内页 > 01"文件，单击"打开"按钮，在页面空白处单击鼠标左键置入图片。选择"自由变换"工具，拖曳图片到适当的位置并调整其大小，效果如图 9-75 所示。

（4）按 Ctrl+X 组合键，将图片剪切到剪贴板上。选择"选择"工具，选中下方的矩形，选择"编辑 > 贴入内部"命令，将图片贴入矩形框的内部，并设置描边色为无，效果如图 9-76 所示。

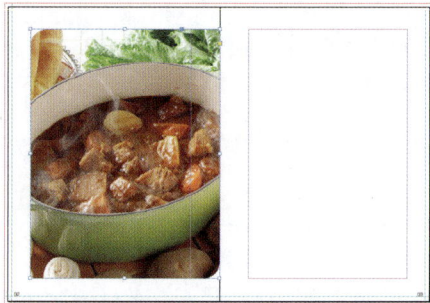

图 9-75　　　　　　　　　　　　　　　　　图 9-76

（5）选择"矩形"工具，在适当的位置绘制一个矩形。设置图形填充色的 CMYK 值为 0、40、100、0，填充图形，并设置描边色为无，效果如图 9-77 所示。

（6）保持图形的选取状态。选择"对象 > 角选项"命令，在弹出的"角选项"对话框中进行设置，如图 9-78 所示。单击"确定"按钮，效果如图 9-79 所示。

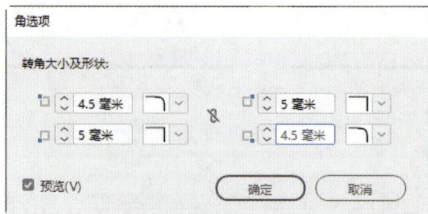

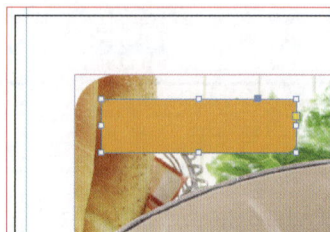

图 9-77　　　　　　　　　　　图 9-78　　　　　　　　　　　图 9-79

（7）选取并复制记事本文档中需要的文字，返回到 InDesign 中，选择"文字"工具，在适当的位置拖曳出一个文本框，将复制的文字粘贴到文本框中。选取输入的文字，在"控制"面板中选择合适的字体并设置文字大小，填充文字为白色，效果如图 9-80 所示。

（8）选择"选择"工具 ▶，选取文字，按 F11 键，弹出"段落样式"面板。单击面板下方的"创建新样式"按钮 ▣，生成新的段落样式并将其命名为"菜名"，如图 9-81 所示。

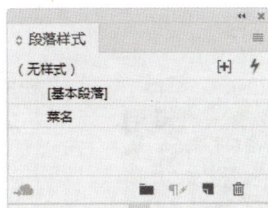

图 9-80   图 9-81

（9）选择"矩形"工具 ▢，在适当的位置绘制一个矩形。设置图形填充色的 CMYK 值为 0、60、100、10，填充图形，并设置描边色为无，效果如图 9-82 所示。

（10）保持图形的选取状态。选择"对象 > 角选项"命令，在弹出的"角选项"对话框中进行设置，如图 9-83 所示。单击"确定"按钮，效果如图 9-84 所示。

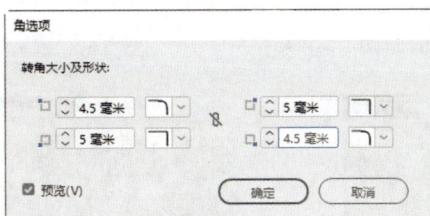

图 9-82   图 9-83   图 9-84

（11）取消选取状态。选择"文件 > 置入"命令，弹出"置入"对话框。选择素材中的"Ch09 > 素材 > 制作美食图书内页 > 02"文件，单击"打开"按钮，在页面空白处单击鼠标左键置入图片。选择"自由变换"工具 ▥，拖曳图片到适当的位置并调整其大小，效果如图 9-85 所示。

（12）选取并复制记事本文档中需要的文字，返回到 InDesign 中，选择"文字"工具 Ⓣ，在适当的位置拖曳出一个文本框，将复制的文字粘贴到文本框中。选取输入的文字，在"控制"面板中选择合适的字体并设置文字大小，填充文字为白色。取消文字的选取状态，效果如图 9-86 所示。

（13）用相同的方法置入其他图片并添加相应的文字，效果如图 9-87 所示。分别选取并复制记事本文档中需要的文字，返回到 InDesign 中，选择"文字"工具 Ⓣ，在适当的位置拖曳出文本框，将复制的文字粘贴到文本框中。选取输入的文字，在"控制"面板中分别选择合适的字体并设置文字大小。取消文字的选取状态，效果如图 9-88 所示。

图 9-85   图 9-86   图 9-87   图 9-88

（14）选择"选择"工具▶，在按住 Shift 键的同时，选取输入的文字，单击工具箱中的"格式针对文本"按钮**T**，设置文字填充色的 CMYK 值为 0、60、100、10，填充文字，效果如图 9-89所示。

（15）选择"多边形"工具◎，在页面中单击鼠标左键，弹出"多边形"对话框，选项的设置如图 9-90 所示。单击"确定"按钮，得到一个五角星。选择"选择"工具▶，拖曳五角星到适当的位置，效果如图 9-91 所示。

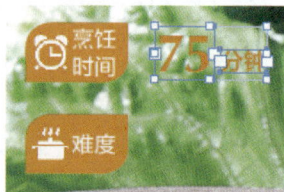
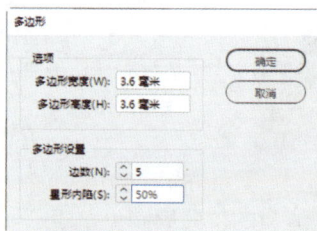

图 9-89　　　　　　　　　　图 9-90　　　　　　　　　　图 9-91

（16）保持星形的选取状态。设置图形填充色的 CMYK 值为 0、60、100、10，填充图形，并设置描边色为无，效果如图 9-92 所示。选择"选择"工具▶，在按住 Alt+Shift 组合键的同时，水平向右拖曳五角星到适当的位置，复制五角星，效果如图 9-93 所示。按 Ctrl+Alt+4 组合键，再复制出一个五角星，效果如图 9-94 所示。

图 9-92　　　　　　　　　　图 9-93　　　　　　　　　　图 9-94

（17）选取并复制记事本文档中需要的文字，返回到 InDesign 中，选择"文字"工具**T**，在适当的位置拖曳出一个文本框，将复制的文字粘贴到文本框中。选取输入的文字，在"控制"面板中选择合适的字体并设置文字大小，填充文字为白色。取消文字的选取状态，效果如图 9-95 所示。

（18）选择"直线"工具╱，在按住 Shift 键的同时，在文字左侧拖曳鼠标指针绘制一条直线，填充描边为白色，并在"控制"面板中将"描边粗细"下拉列表 0.283 毫米 设为 0.5 点。按 Enter 键，效果如图 9-96 所示。

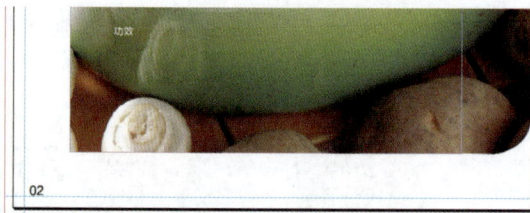

图 9-95　　　　　　　　　　　　　　　　　图 9-96

（19）选择"选择"工具▶，在按住 Alt+Shift 组合键的同时，水平向右拖曳直线到适当的位置，复制直线，效果如图 9-97 所示。向右拖曳直线右侧的控制手柄到适当的位置，调整其长度，效果如

图 9-98 所示。

图 9-97

图 9-98

（20）选取并复制记事本文档中需要的文字，返回到 InDesign 中，选择"文字"工具 T，在适当的位置拖曳出一个文本框，将复制的文字粘贴到文本框中。选取输入的文字，在"控制"面板中选择合适的字体并设置文字大小，填充文字为白色，效果如图 9-99 所示。在"控制"面板中将"行距"下拉列表 ⬚ 0 点 设为 12 点。按 Enter 键，取消选取状态，效果如图 9-100 所示。

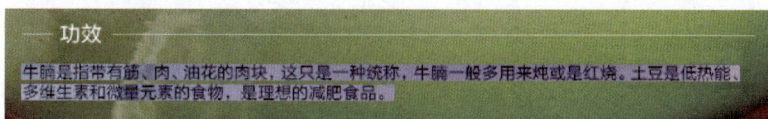

图 9-99

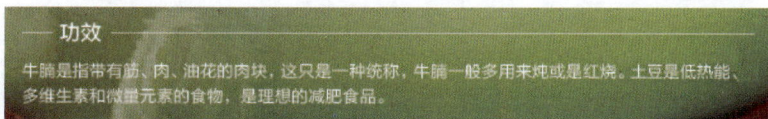

图 9-100

3．制作内页 03

（1）在"状态栏"中单击"文档所属页面"选项右侧的按钮，在弹出的页码中选择"03"。选择"矩形"工具，在适当的位置绘制一个矩形，在"控制"面板中将"描边粗细"下拉列表 0.283 点 设为 0.5 点，按 Enter 键。设置描边色的 CMYK 值为 0、60、100、10，填充描边，效果如图 9-101 所示。

（2）保持图形的选取状态。选择"对象 > 角选项"命令，在弹出的"角选项"对话框中进行设置，如图 9-102 所示。单击"确定"按钮，取消选取状态，效果如图 9-103 所示。

图 9-101

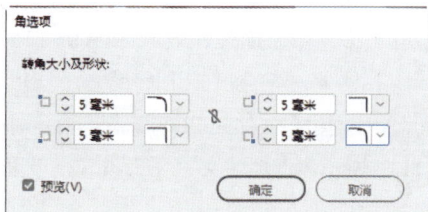

图 9-102

图 9-103

（3）选择"矩形"工具，在适当的位置拖曳鼠标指针绘制一个矩形。设置图形填充色的 CMYK 值为 0、60、100、10，填充图形，并设置描边色为无，效果如图 9-104 所示。在"控制"面板中将"X 切变角度"下拉列表 0° 设为 10°。按 Enter 键，效果如图 9-105 所示。

图 9-104   图 9-105

（4）选取并复制记事本文档中需要的文字，返回到 InDesign 中，选择"文字"工具 T，在适当的位置拖曳出一个文本框，将复制的文字粘贴到文本框中。选取输入的文字，在"控制"面板中选择合适的字体并设置文字大小，填充文字为白色。取消文字的选取状态，效果如图 9-106 所示。用相同的方法再次输入其他文字，效果如图 9-107 所示。

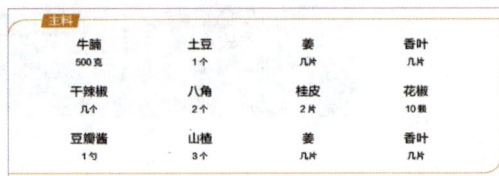

图 9-106   图 9-107

（5）选择"选择"工具 $▶$，在按住 Shift 键的同时，选取需要的文字，单击工具箱中的"格式针对文本"按钮 T，设置文字填充色的 CMYK 值为 0、0、0、80，填充文字，效果如图 9-108 所示。用相同的方法制作其他图形和文字，效果如图 9-109 所示。

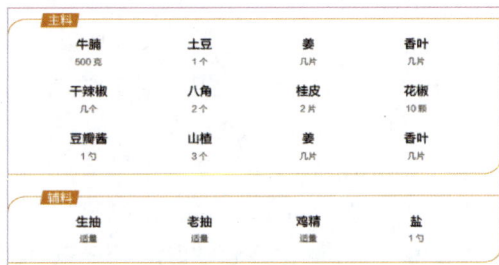

图 9-108   图 9-109

（6）选择"直线"工具 $∕$，在按住 Shift 键的同时，在适当的位置拖曳鼠标指针绘制一条直线，在"控制"面板中将"描边粗细"下拉列表 $0.283 点$ 设为 0.5 点，按 Enter 键。设置描边色的 CMYK 值为 0、60、100、10，填充描边，效果如图 9-110 所示。

（7）选择"选择"工具 $▶$，在按住 Shift 键的同时，依次单击选取需要的图形和文字，如图 9-111 所示。在按住 Alt+Shift 组合键的同时，垂直向下拖曳图形和文字到适当的位置，复制图形和文字，效果如图 9-112 所示。选择"文字"工具 T，选取并重新输入文字，效果如图 9-113 所示。

图 9-110   图 9-111

图 9-112   图 9-113

（8）选择"矩形"工具，在适当的位置绘制一个矩形，如图 9-114 所示。选择"对象 > 角选项"命令，在弹出的"角选项"对话框中进行设置，如图 9-115 所示。单击"确定"按钮，效果如图 9-116 所示。

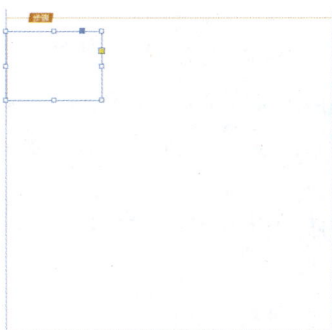
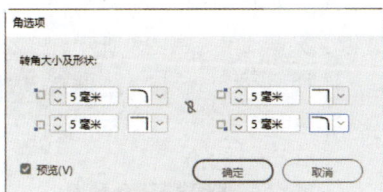
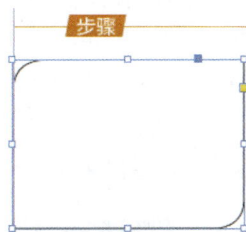

图 9-114   图 9-115   图 9-116

（9）选择"选择"工具，在按住 Alt+Shift 组合键的同时，水平向右拖曳图形到适当的位置，复制图形，效果如图 9-117 所示。按 Ctrl+Alt+4 组合键，再复制出一个图形，效果如图 9-118 所示。用相同的方法再复制几组图形，效果如图 9-119 所示。

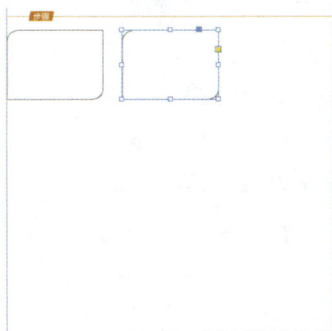

图 9-117   图 9-118   图 9-119

（10）选择"文件 > 置入"命令，弹出"置入"对话框。选择素材中的"Ch09 > 素材 > 制作美食图书内页 > 04"文件，单击"打开"按钮，在页面空白处单击鼠标左键置入图片。选择"自由变换"工具，拖曳图片到适当的位置并调整其大小，效果如图 9-120 所示。

（11）按 Ctrl+X 组合键，将图片剪切到剪贴板上。选择"选择"工具，选中下方的矩形，选择"编辑 > 贴入内部"命令，将图片贴入矩形框的内部，并设置描边色为无，效果如图 9-121 所示。

图 9-120

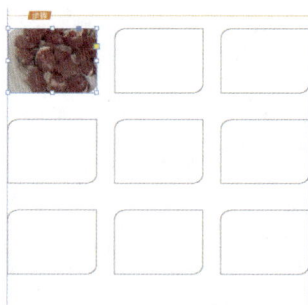

图 9-121

（12）选取并复制记事本文档中需要的文字，返回到 InDesign 中，选择"文字"工具 T ，在适当的位置拖曳出一个文本框，将复制的文字粘贴到文本框中。选取所有的文字，在"控制"面板中选择合适的字体并设置文字大小，效果如图 9-122 所示。在"控制"面板中将"行距"下拉列表 设为 10 点。按 Enter 键，效果如图 9-123 所示。

（13）选择"选择"工具 ▶ ，选取文字，单击"段落样式"面板下方的"创建新样式"按钮 ，生成新的段落样式并将其命名为"步骤文字"，如图 9-124 所示。

图 9-122

图 9-123

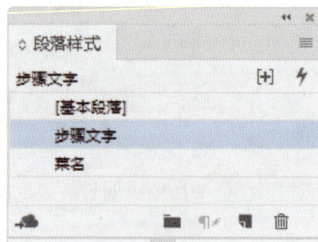

图 9-124

（14）取消选取状态。选择"文件 > 置入"命令，弹出"置入"对话框。选择素材中的"Ch09 > 素材 > 制作美食图书内页 > 05"文件，单击"打开"按钮，在页面空白处单击鼠标左键置入图片。选择"自由变换"工具 ，拖曳图片到适当的位置并调整其大小，效果如图 9-125 所示。

（15）按 Ctrl+X 组合键，将图片剪切到剪贴板上。选择"选择"工具 ▶ ，选中下方的矩形，选择"编辑 > 贴入内部"命令，将图片贴入矩形框的内部，并设置描边色为无，效果如图 9-126 所示。

图 9-125

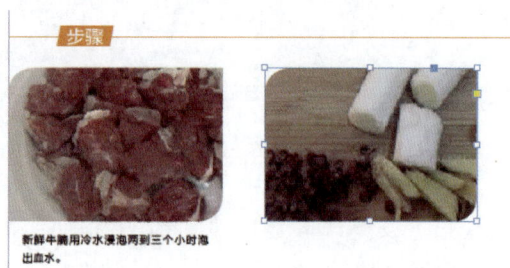

图 9-126

（16）选取并复制记事本文档中需要的文字，返回到 InDesign 中，选择"文字"工具 T ，在适当的位置拖曳出一个文本框，将复制的文字粘贴到文本框中，效果如图 9-127 所示。

（17）选择"选择"工具 ▶，选取输入的文字。在"段落样式"面板中单击"步骤文字"样式，如图 9-128 所示，文字效果如图 9-129 所示。

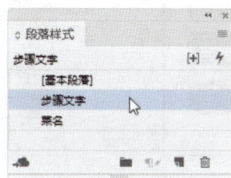
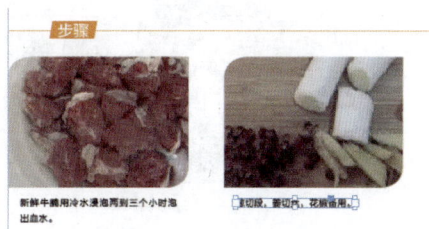

图 9-127　　　　　　　　　　图 9-128　　　　　　　　　　图 9-129

（18）用相同的方法置入其他图片并添加相应的文字，效果如图 9-130 所示。选择"选择"工具 ▶，选取最后一个图形。设置图形填充色的 CMYK 值为 0、60、100、10，填充图形，并设置描边色为无，效果如图 9-131 所示。

图 9-130　　　　　　　　　　　　　　　　图 9-131

（19）选取并复制记事本文档中需要的文字，返回到 InDesign 中，选择"文字"工具 T，在适当的位置拖曳出一个文本框，将复制的文字粘贴到文本框中。选取所有的文字，在"控制"面板中选择合适的字体并设置文字大小，填充文字为白色，效果如图 9-132 所示。在"控制"面板中将"行距"下拉列表 设为 10 点，按 Enter 键，效果如图 9-133 所示。选择"文字"工具 T，选取文字"小贴士"，在"控制"面板中选择合适的字体，效果如图 9-134 所示。

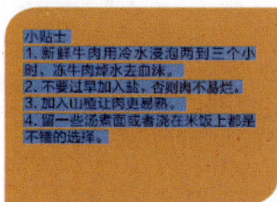
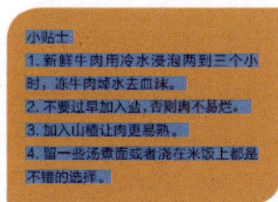
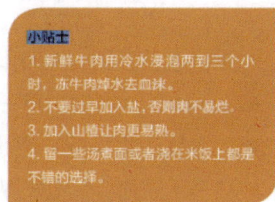

图 9-132　　　　　　　　　图 9-133　　　　　　　　　图 9-134

（20）选择"选择"工具 ▶，在按住 Shift 键的同时，依次单击选取需要的图形和文字，如图 9-135 所示。按 Ctrl+C 组合键，复制图形和文字。用相同的方法制作内页 04 和 05，如图 9-136 所示。美食图书内页制作完成。

图 9-135

图 9-136

9.2.4 【相关知识】

1．创建主页

用户可以从头开始创建新的主页，也可以利用现有主页或跨页创建主页。当主页应用于其他页面之后，对源主页所做的任何更改会自动反映到所有基于它的主页和文档页面中。

◎ 从头开始创建主页

选择"窗口 > 页面"命令，弹出"页面"面板。单击面板右上方的 ≣ 图标，在弹出的菜单中选择"新建主页"命令，弹出"新建主页"对话框，设置如图 9-137 所示。单击"确定"按钮，创建新的主页，如图 9-138 所示。

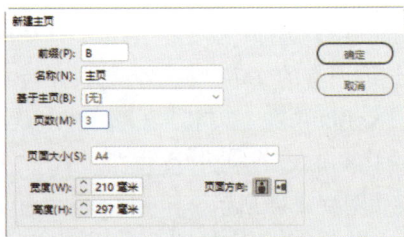

图 9-137

图 9-138

"新建主页"对话框中主要选项的功能如下。

- "前缀"文本框：用于标识"页面"面板中的各个页面所应用的主页。最多可以输入 4 个字符。
- "名称"文本框：用于输入主页跨页的名称。
- "基于主页"下拉列表：用于选择一个以此主页跨页为基础的现有主页跨页，或选择"无"。
- "页数"数值框：用于输入一个值以作为主页跨页中要包含的页数（最多为 10）。

◎ 从现有页面或跨页创建主页

在"页面"面板中单击选取需要的跨页（或页面）图标，如图 9-139 所示。按住鼠标左键不放将其从"页面"部分拖曳到"主页"部分，如图 9-140 所示。松开鼠标，以现有跨页为基础创建主页，如图 9-141 所示。

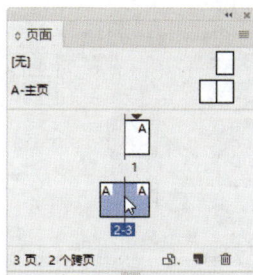
图 9-139

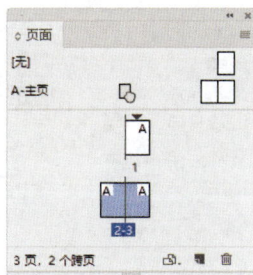
图 9-140

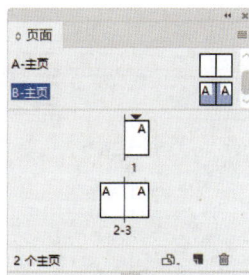
图 9-141

2. 复制主页

在"页面"面板中选取需要的主页跨页名称，如图 9-142 所示。按住鼠标左键不放将其拖曳到"新建页面"按钮 上，如图 9-143 所示。松开鼠标，在文档中复制主页，如图 9-144 所示。

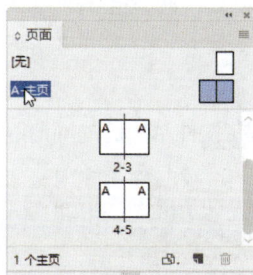
图 9-142

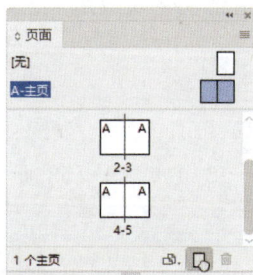
图 9-143

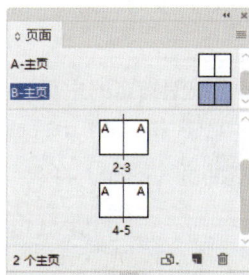
图 9-144

在"页面"面板中选取需要的主页跨页名称。单击面板右上方的 ≡ 图标，在弹出的菜单中选择"直接复制主页跨页'B－主页'"命令，可以在文档中复制主页。

3. 应用主页

在"页面"面板中选取需要的主页图标，如图 9-145 所示。将其拖曳到要应用主页的页面图标上，当黑色矩形围绕页面时（见图 9-146），松开鼠标，为页面应用主页，如图 9-147 所示。

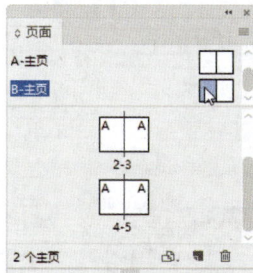
图 9-145

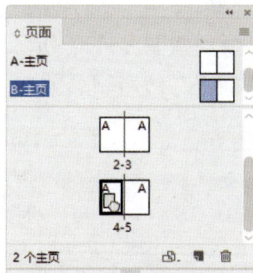
图 9-146

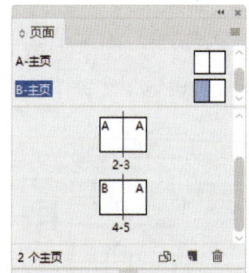
图 9-147

在"页面"面板中选取需要的主页跨页图标，如图 9-148 所示。将其拖曳到跨页的角点上，如图 9-149 所示。当黑色矩形围绕跨页时松开鼠标，为跨页应用主页，如图 9-150 所示。

> **提示**
>
> 在"页面"面板中选取需要的页面图标，在按住 Alt 键的同时，单击要应用的主页，可将主页应用于多个页面。

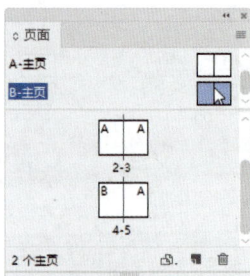

图 9-148

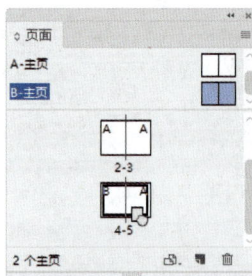

图 9-149

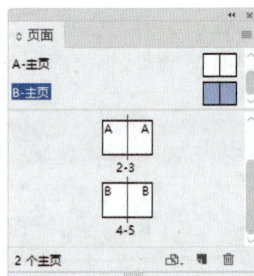

图 9-150

在"页面"面板中选取需要的主页跨页名称，单击面板右上方的 ≡ 图标，在弹出的菜单中选择"将主页应用于页面"命令，弹出"应用主页"对话框，如图 9-151 所示。选择需要应用的主页和要应用的页面，单击"确定"按钮，将主页应用于选定的页面。

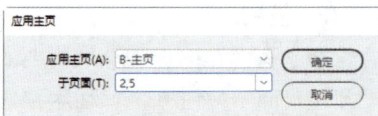

图 9-151

4．取消指定的主页

在"页面"面板中选取需要取消主页的页面图标，如图 9-152 所示。在按住 Alt 键的同时，单击［无］的页面图标，将取消指定的主页，效果如图 9-153 所示。

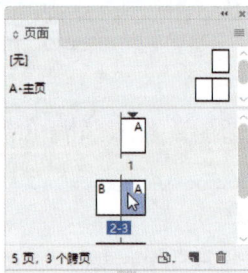

图 9-152

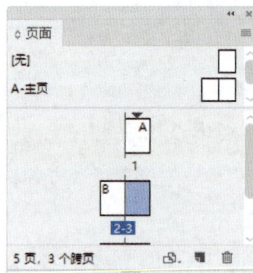

图 9-153

5．删除主页

在"页面"面板中选取要删除的主页，如图 9-154 所示。单击"删除选中页面"按钮 🗑，弹出提示对话框，如图 9-155 所示。单击"确定"按钮删除主页，如图 9-156 所示。

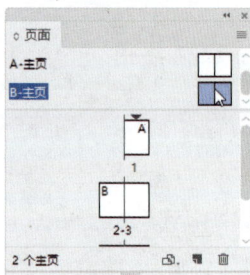

图 9-154

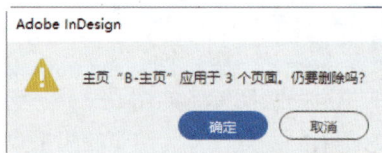

图 9-155

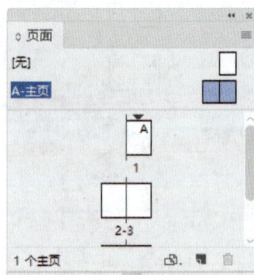

图 9-156

将选取的主页直接拖曳到"删除选中页面"按钮 🗑 上，可删除主页。单击面板右上方的 ≡ 图标，在弹出的菜单中选择"删除主页跨页'B- 主页'"命令，也可删除主页。

6. 添加页码和章节编号

用户可以在页面上添加页码标记来指定页码的位置和外观。由于页码标记自动更新，当在文档内增加、移除或排列页面时，它所显示的页码总会是正确的。页码标记可以与文本一样设置格式和样式。

◎ 添加自动页码

选择"文字"工具 **T**，在要添加页码的页面中拖曳出一个文本框，如图 9-157 所示。选择"文字 > 插入特殊字符 > 标志符 > 当前页码"命令或按 Ctrl+Shift+Alt+N 组合键，在文本框中添加自动页码，如图 9-158 所示。

在页面区域显示主页，选择"文字"工具 **T**，在主页中拖曳出一个文本框，如图 9-159 所示。在文本框中单击鼠标右键，在弹出的快捷菜单中选择"插入特殊字符 > 标志符 > 当前页码"命令，在文本框中添加自动页码，如图 9-160 所示。页码以该主页的前缀显示。

图 9-157

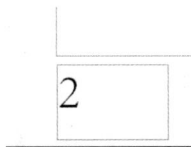

图 9-158

图 9-159

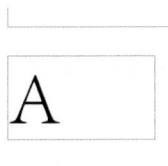

图 9-160

◎ 添加章节编号

选择"文字"工具 **T**，在要显示章节编号的位置拖曳出一个文本框，如图 9-161 所示。选择"文字 > 文本变量 > 插入变量 > 章节编号"命令，在文本框中添加自动的章节编号，如图 9-162 所示。

图 9-161

图 9-162

◎ 更改页码和章节编号的格式

选择"版面 > 页码和章节选项"命令，弹出"页码和章节选项"对话框，如图 9-163 所示。设置需要的选项，单击"确定"按钮，可更改页码和章节编号的格式。"页码和章页选项"对话框中主要选项的功能如下。

● "自动编排页码"单选项：用于让当前章节的页码跟随前一章节的页码。当在它前面添加页面时，文档或章节中的页码将自动更新。

● "起始页码"数值框：用于输入文档或当前章节第一页的起始页码。

● "章节前缀"文本框：用于为章节输入一个标签，包括要在前缀和页码之间显示的空格或标点符号。前缀的长度

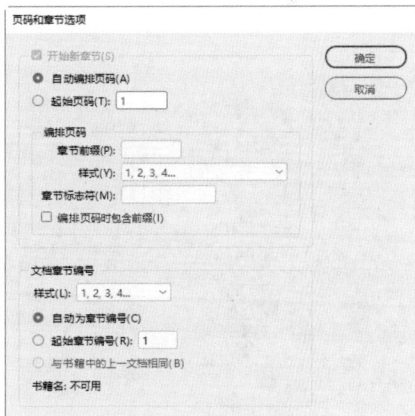

图 9-163

不应大于 8 个字符，也不能为空，并且不能通过按空格键输入一个空格，而必须从文档窗口中复制和粘贴一个空格字符。

● "样式"下拉列表：用于选择一种页码样式，该样式仅应用于本章节中的所有页面。

● "章节标志符"文本框：用于输入一个标签，系统会将其插入到页面中。

● "编排页码时包含前缀"复选框：用于在生成目录或索引时或在打印包含自动页码的页面时显示章节前缀。取消选择该选项，将在系统中显示章节前缀，但在打印的文档、索引和目录中隐藏该前缀。

7. 以两页跨页作为文档的开始

选择"文件 > 文档设置"命令，确定文档至少包含 3 个页面，并已勾选"对页"复选框。单击"确定"按钮，效果如图 9-164 所示。设置文档的第 1 页为空，在按住 Shift 键的同时，在"页面"面板中选取除第 1 页以外的其他页面，如图 9-165 所示。单击面板右上方的 ≡ 图标，在弹出的菜单中取消选择"允许选定的跨页随机排布"命令，"页面"面板如图 9-166 所示。

在"页面"面板中选取第 1 页，单击"删除选定页面"按钮 🗑，"页面"面板如图 9-167 所示，页面区域如图 9-168 所示。

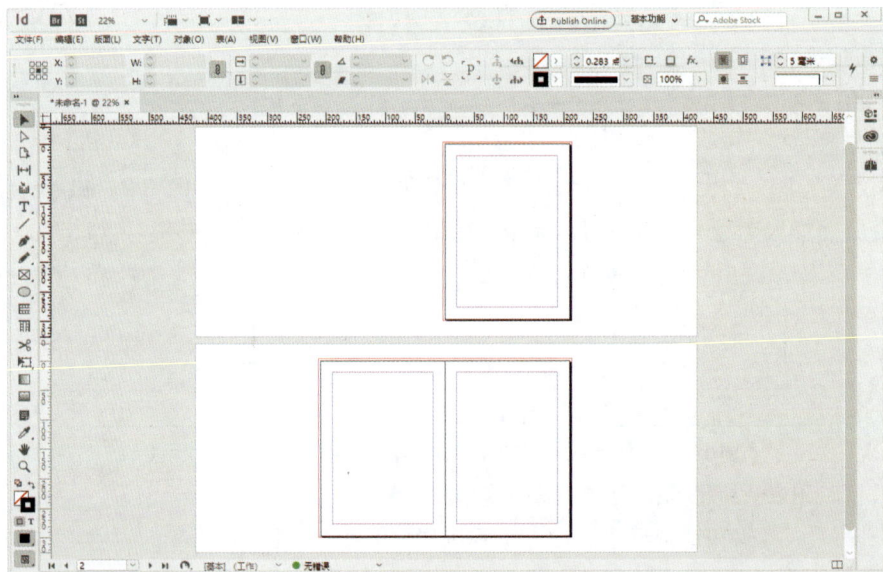

图 9-164

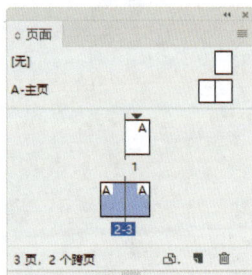

图 9-165

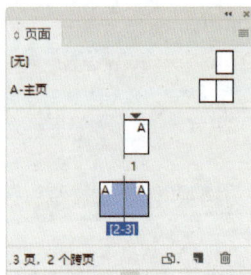

图 9-166

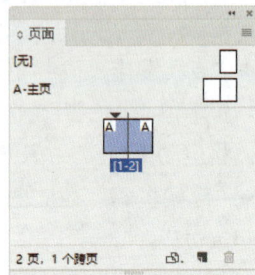

图 9-167

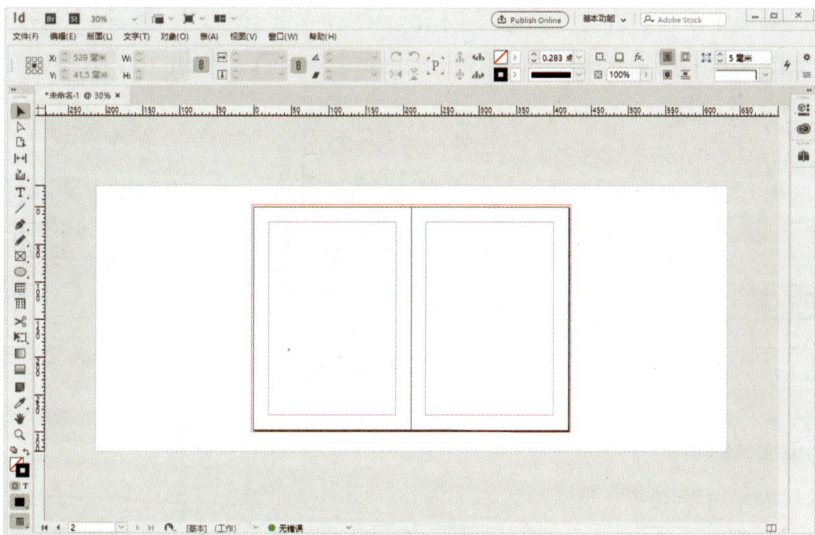

图 9-168

8. 添加新页面

在"页面"面板中单击"新建页面"按钮 ，如图 9-169 所示，在活动页面或跨页之后将添加一个页面，如图 9-170 所示。新页面将与现有的活动页面使用相同的主页。

选择"版面 > 页面 > 插入页面"命令，或单击"页面"面板右上方的 图标，在弹出的菜单中选择"插入页面"命令，弹出"插入页面"对话框，设置如图 9-171 所示。单击"确定"按钮，效果如图 9-172 所示。

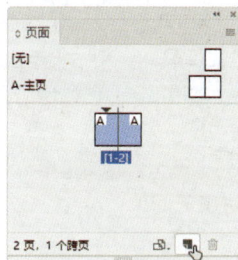

图 9-169

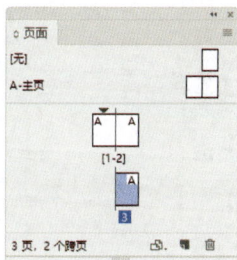

图 9-170

图 9-171

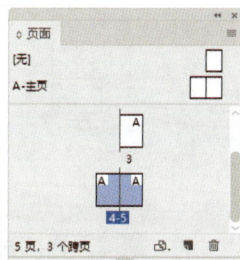

图 9-172

9. 移动页面

选择"版面 > 页面 > 移动页面"命令，或单击"页面"面板右上方的 图标，在弹出的菜单中选择"移动页面"命令，弹出"移动页面"对话框，设置如图 9-173 所示。单击"确定"按钮，移动页面，效果如图 9-174 所示。

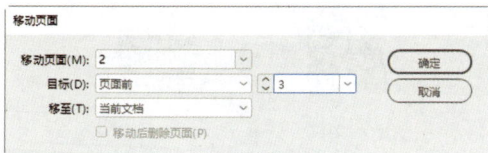

图 9-173

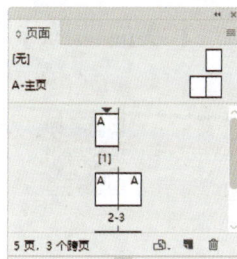

图 9-174

在"页面"面板中单击选取需要的页面图标，如图9-175所示。按住鼠标左键不放将其拖曳至适当的位置，如图9-176所示。松开鼠标，将选取的页面移动到适当的位置，效果如图9-177所示。

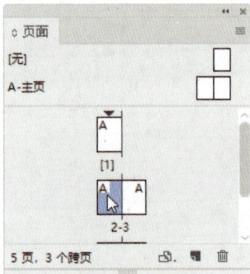

图 9-175

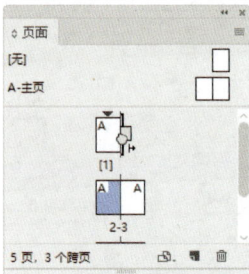

图 9-176

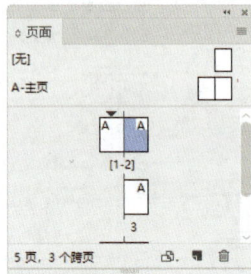

图 9-177

10．复制页面或跨页

在"页面"面板中单击选取需要的页面图标，按住鼠标左键不放将其拖曳到面板下方的"新建页面"按钮 🖿 上，可复制页面。单击"页面"面板右上方的 ≡ 图标，在弹出的菜单中选择"直接复制页面"命令，也可复制页面。

在按住 Alt 键的同时，在"页面"面板中单击选取需要的页面图标（或页面范围号码），如图9-178所示。按住鼠标左键不放将其拖曳到需要的位置，当鼠标指针变为 🖣 图标时（见图9-179），在文档末尾将生成新的页面。"页面"面板如图9-180所示。

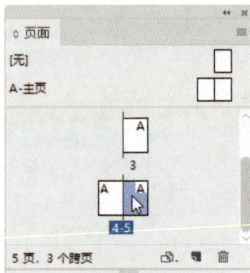

图 9-178

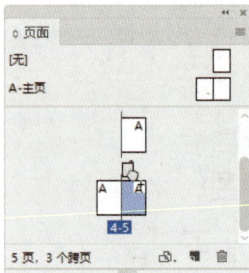

图 9-179

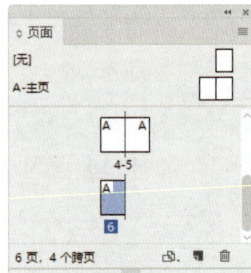

图 9-180

11．删除页面或跨页

在"页面"面板中，将一个或多个页面图标或页面范围号码拖曳到"删除选中页面"按钮 🗑 上，删除页面或跨页。在"页面"面板中，选取一个或多个页面图标，单击"删除选中页面"按钮 🗑，删除页面或跨页。

在"页面"面板中，选取一个或多个页面图标，单击面板右上方的 ≡ 图标，在弹出的菜单中选择"删除页面 / 删除跨面"命令，删除页面或跨页。

9.2.5　【实战演练】制作美妆杂志内页

9.2.5实战演练　　制作美妆杂志内页1　　制作美妆杂志内页2　　制作美妆杂志内页3

9.3 综合演练——制作美食杂志内页

9.3综合演练　制作美食杂志内页1　制作美食杂志内页2　制作美食杂志内页3　制作美食杂志内页4　制作美食杂志内页5

10

第 10 章
编辑书籍和目录

　　本章主要介绍在 InDesign CC 2019 中书籍和目录的编辑方法。通过本章的学习，读者可以掌握编辑书籍、目录的方法和技巧，完成更加复杂的排版设计项目，提高排版的专业技术水平。

知识目标

- ✔ 掌握创建目录的方法
- ✔ 掌握创建和管理书籍的方法

能力目标

- ✳ 掌握美食图书目录的制作方法
- ✳ 掌握美妆杂志目录的制作方法
- ✳ 掌握美食图书的制作方法
- ✳ 掌握美妆杂志书籍的制作方法
- ✳ 掌握美食杂志目录的制作方法

素质目标

- ○ 培养清晰的逻辑思维
- ○ 培养创造性思维
- ○ 培养项目流程管控能力

10.1 制作美食图书目录

10.1.1 【案例分析】

目录具有指导阅读、检索内容的作用。本案例是为《美味家常菜》一书制作目录，罗列图书中的主要内容，便于读者查找。

10.1.2 【设计理念】

通过对美食照片、图形和色彩元素等的编排，设计制作出与《美味家常菜》图书封面和内页风格相呼应的目录。整体版面规则、整洁，添加小标题和页码便于查阅，最终效果如图 10-1 所示（参看素材中的"Ch10 > 效果 > 制作美食图书目录.indd"）。

图 10-1

制作美食图书
目录

10.1.3 【操作步骤】

（1）打开 InDesign CC 2019，选择"文件 > 新建 > 文档"命令，弹出"新建文档"对话框，设置如图 10-2 所示。单击"边距和分栏"按钮，弹出"新建边距和分栏"对话框，设置如图 10-3 所示。单击"确定"按钮，新建一个页面，如图 10-4 所示。选择"视图 > 其他 > 隐藏框架边缘"命令，将所绘制图形的框架边缘隐藏。

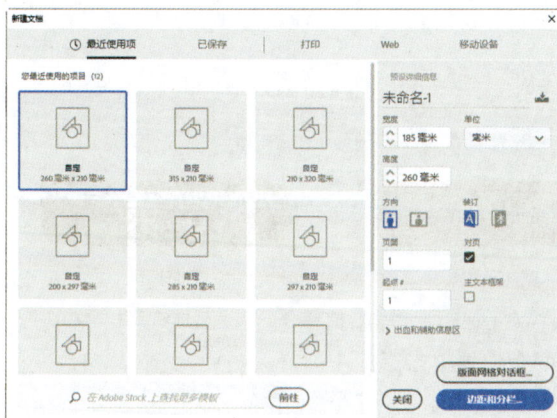

图 10-2

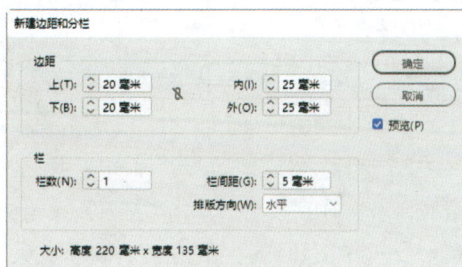

图 10-3

（2）选择"文字"工具 T，在适当的位置拖曳出两个文本框，输入需要的文字。选取输入的文字，在"控制"面板中分别选择合适的字体并设置文字大小。取消文字的选取状态，效果如图 10-5 所示。

（3）选择"矩形"工具 ■，在适当的位置拖曳鼠标指针绘制一个矩形。设置图形填充色的 CMYK 值为 0、40、100、0，填充图形，并设置描边色为无，效果如图 10-6 所示。

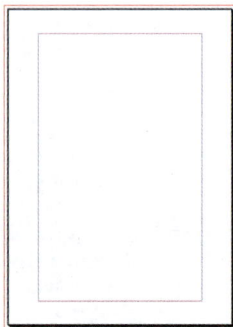
图 10-4

图 10-5

图 10-6

（4）选择"选择"工具 ▶，在按住 Alt+Shift 组合键的同时，垂直向下拖曳矩形到适当的位置，复制矩形，效果如图 10-7 所示。向下拖曳矩形下边中间的控制手柄到适当的位置，调整其大小，效果如图 10-8 所示。

图 10-7

图 10-8

（5）保持图形的选取状态。选择"对象 > 角选项"命令，在弹出的"角选项"对话框中进行设置，如图 10-9 所示。单击"确定"按钮，效果如图 10-10 所示。

（6）选择"文字"工具 T，在适当的位置拖曳出一个文本框，输入需要的文字。选取输入的文字，在"控制"面板中选择合适的字体并设置文字大小，填充文字为白色。取消文字的选取状态，效果如图 10-11 所示。

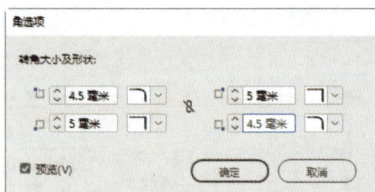
图 10-9

图 10-10

图 10-11

（7）选择"文件 > 置入"命令，弹出"置入"对话框。选择素材中的"Ch10 > 素材 > 制作美食图书目录 > 01"文件，单击"打开"按钮，在页面空白处单击鼠标左键置入图片。选择"自由变换"工具 ⬛，拖曳图片到适当的位置并调整其大小，效果如图 10-12 所示。

（8）选择"选择"工具 ▶，选取需要的图形。在按住 Alt+Shift 组合键的同时，垂直向下拖曳图形到适当的位置，复制图形，效果如图 10-13 所示。拖曳图形右下角的控制手柄到适当的位置，调整其大小，效果如图 10-14 所示。

图 10-12

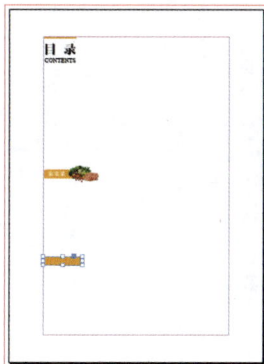

图 10-13

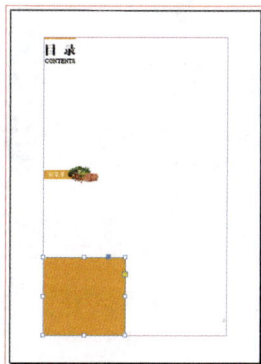

图 10-14

（9）取消选取状态。选择"文件 > 置入"命令，弹出"置入"对话框。选择素材中的"Ch10 > 素材 > 制作美食图书目录 > 02"文件，单击"打开"按钮，在页面空白处单击鼠标左键置入图片。选择"自由变换"工具 ▣，拖曳图片到适当的位置并调整其大小，效果如图 10-15 所示。

（10）按 Ctrl+X 组合键，将图片剪切到剪贴板上。选择"选择"工具 ▶，选中下方的矩形，选择"编辑 > 贴入内部"命令，将图片贴入矩形框的内部，效果如图 10-16 所示。

图 10-15

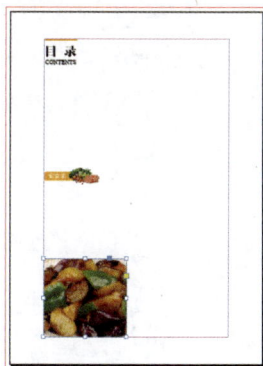

图 10-16

（11）选择"文件 > 打开"命令，弹出"打开"对话框。选择素材中的"Ch09 > 效果 > 制作美食图书内页 .indd"文件。选择"文字 > 段落样式"命令，弹出"段落样式"面板，单击面板下方的"创建新样式"按钮 ▣，生成新的段落样式并将其命名为"目录文字"，如图 10-17 所示。

（12）双击"目录文字"样式，弹出"段落样式选项"对话框，单击"基本字符格式"选项，弹出相应的对话框，选项的设置如图 10-18 所示。单击"制表符"选项，弹出相应的对话框，选项的设置如图 10-19 所示。单击"字符颜色"选项，弹出相应的对话框，选择需要的颜色，如图 10-20 所示，单击"确定"按钮。

图 10-17

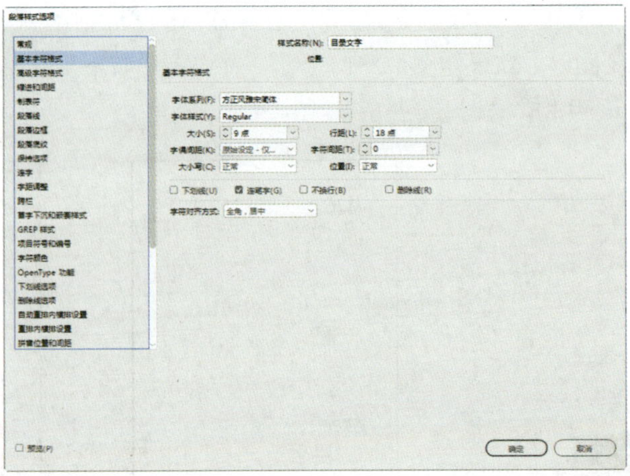

图 10-18

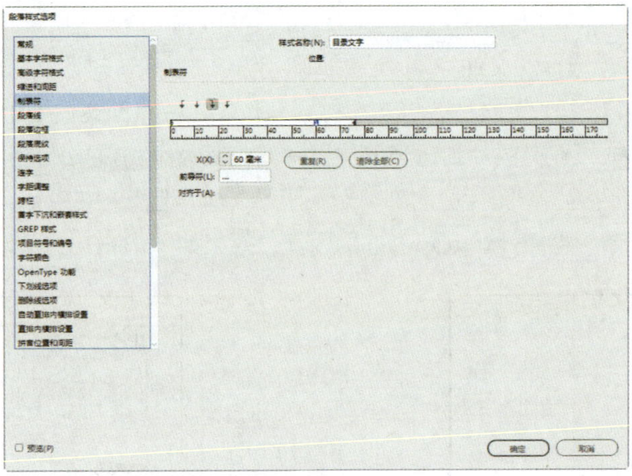

图 10-19

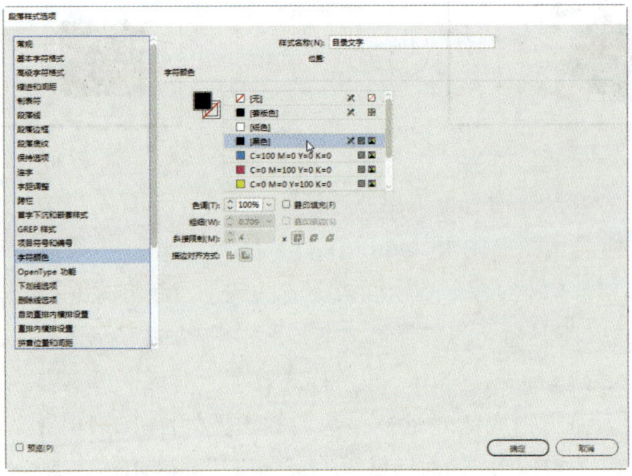

图 10-20

（13）选择"版面＞目录"命令，弹出"目录"对话框。在"其他样式"列表中选择"菜名"样式，单击 添加(A) 按钮，将"菜名"添加到"包含段落样式"列表中，如图 10-21 所示。在"样式：菜名"

选项组的"条目样式"下拉列表中选择"目录文字",如图 10-22 所示。

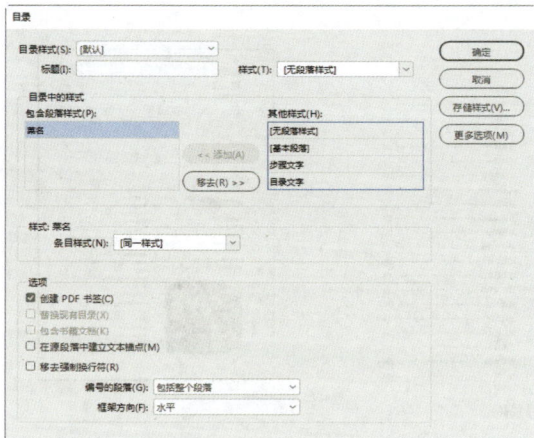
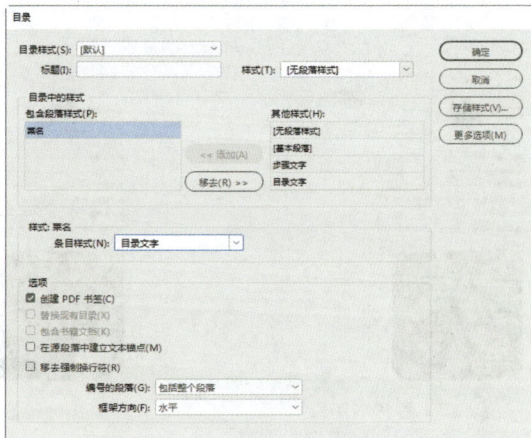

图 10-21　　　　　　　　　　　　　　　　　　图 10-22

（14）单击"确定"按钮,在页面空白处拖曳鼠标指针,提取目录,效果如图 10-23 所示。选择"选择"工具 ,单击选取需要的段落文字,按 Ctrl+C 组合键,复制段落。返回到新建的目录页面中,按 Ctrl+V 组合键,粘贴提取的目录,并将其拖曳到适当的位置,效果如图 10-24 所示。选择"文字"工具 ,在数字"05"右侧单击,按 Enter 键,切换到下一行,如图 10-25 所示。

图 10-23　　　　　　　　　　图 10-24　　　　　　　　　　图 10-25

（15）选取并复制记事本文档中需要的文字,返回到 InDesign 中,将复制的文字粘贴到文本框中,效果如图 10-26 所示。选择"选择"工具 ,选取文字,调整文本框的大小,如图 10-27 所示。单击文本框的出口,如图 10-28 所示。

图 10-26　　　　　　　　　　图 10-27　　　　　　　　　　图 10-28

（16）当鼠标指针变为载入文本图符 时,将其移动到适当的位置,如图 10-29 所示。拖曳鼠标指针，文本自动排入框中，效果如图 10-30 所示。在页面空白处单击，取消文字的选取状态，美食图书目录制作完成，效果如图 10-31 所示。

图 10-29

图 10-30

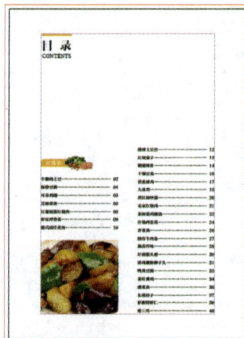

图 10-31

10.1.4 【相关知识】

1. 创建与生成目录

目录可以列出书籍、杂志或其他出版物的内容，可以显示插图列表、广告商或摄影人员名单，也可以包含有助于在文档或书籍文件中查找的信息。

生成目录前，应先确定应包含的段落（如章、节标题），再为每个段落定义段落样式，并确保将这些样式应用于单篇文档或编入书籍的多篇文档中的所有相应段落。

在创建目录时，应在文档中添加新页面。选择"版面 > 目录"命令，弹出"目录"对话框，如图 10-32 所示。

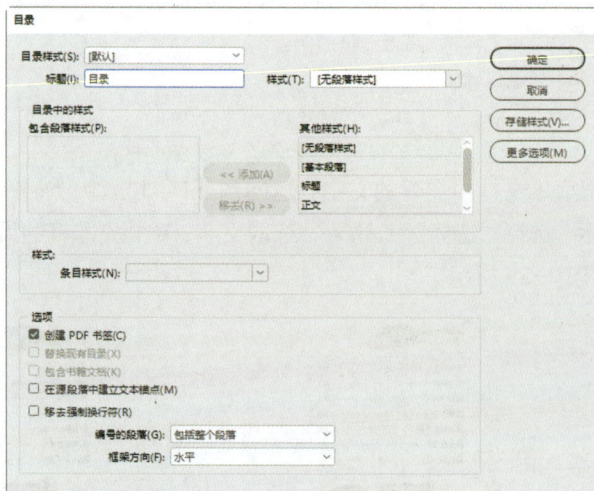

图 10-32

"目录"对话框中主要选项的功能如下。

● "标题"文本框：用于输入目录标题，标题将显示在目录顶部。要设置标题的格式，可从右侧的"样式"下拉列表中选择一个样式。

通过双击"其他样式"列表框中的段落样式，可将其添加到"包含段落样式"列表框中，以确定目录包含的内容。

● "创建 PDF 书签"复选框：用于将文档导出为 PDF 时，在 Adobe Acrobat 或 Adobe Reader® 的 "书签"面板中显示目录条目。

● "替换现有目录"复选框：用于替换文档中所有现有的目录文章。

● "包含书籍文档"复选框：用于为书籍列表中的所有文档创建一个目录，重编该书的页码。如果只想为当前文档生成目录，则取消选择该选项。

● "编号的段落"下拉列表：若目录中包括使用编号的段落样式，用于指定目录条目是包括整个段落（编号和文本）、只包括编号还是只包括段落。

● "框架方向"下拉列表：用于指定要用于创建目录的文本框架的排版方向。

单击 "更多选项"按钮，将弹出设置目录样式的选项，设置如图 10-33 所示。单击 "确定"按钮，鼠标指针将变为载入的文本图标。在页面中需要的位置拖曳鼠标指针，创建目录，如图 10-34 所示。

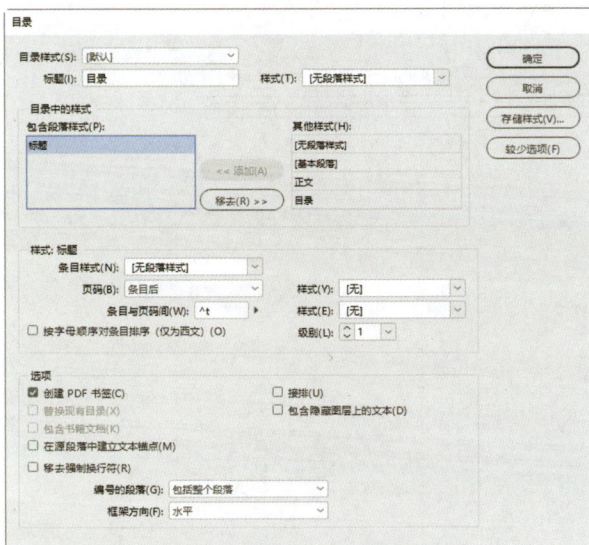

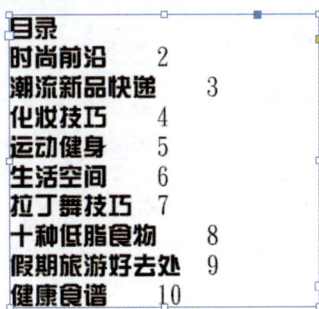

图 10-33   图 10-34

● "条目样式"下拉列表：对应 "包含段落样式"列表框中的每种样式，用于选择一种段落样式应用到相关联的目录条目。

● "页码"下拉列表：用于选择页码的位置，可在右侧的 "样式"下拉列表中选择页码需要的字符样式。

● "条目与页码间"下拉列表：用于指定要在目录条目及其页码之间显示的字符。可以在弹出列表中选择其他特殊字符，在右侧的 "样式"下拉列表中选择需要的字符样式。

● "按字母顺序对条目排序（仅为西文）"复选框：用于按字母顺序对选定样式中的目录条目进行排序。

● "级别"下拉列表：默认情况下， "包含段落样式"列表框中添加的每个项目都比它的直接上层项目低一级。通过 "级别"下拉列表，可以为选定段落样式指定新的级别编号，从而更改这一层次。

● "接排"复选框：用于将所有目录条目接排到某一个段落中。

● "包含隐藏图层上的文本"复选框：用于设置在目录中包含隐藏图层上的段落。当创建其自身在文档中为不可见文本的广告商名单或插图列表时，选择该选项。

> **提示**
>
> 拖曳鼠标指针时应避免将目录框架串接到文档的其他文本框架中。如果替换现有目录，则整篇文章都将被更新后的目录替换。

2. 创建具有制表符前导符的目录条目

（1）选择"窗口 > 样式 > 段落样式"命令，弹出"段落样式"面板。双击应用目录条目的段落样式的名称，弹出"段落样式选项"对话框，单击左侧的"制表符"选项，弹出相应的面板，如图 10-35 所示。单击"右对齐制表符"按钮，在标尺上单击放置制表符，在"前导符"选项中输入一个句点（.），如图 10-36 所示。单击"确定"按钮，创建具有制表符前导符的段落样式。

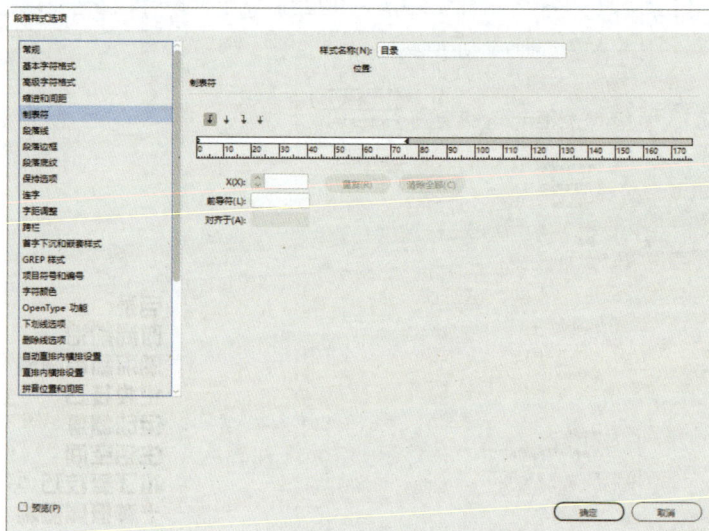

图 10-35

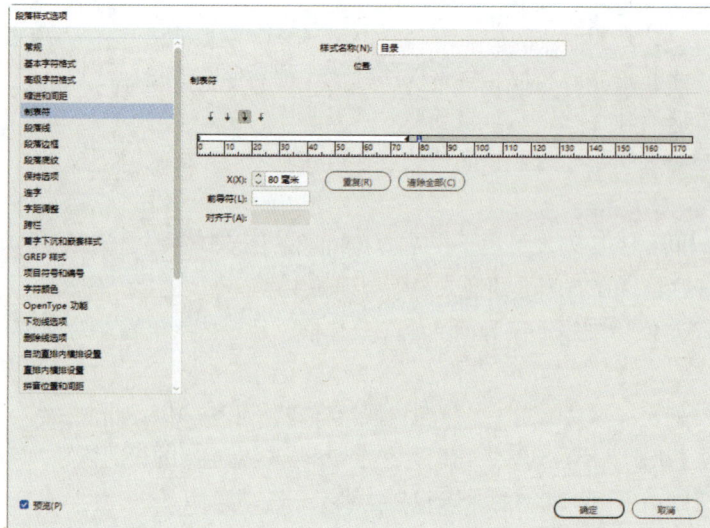

图 10-36

（2）选择"版面 > 目录"命令，弹出"目录"对话框。在"包含段落样式"列表框中选择在目录显示中带制表符前导符的项目，在"条目样式"下拉列表中选择包含制表符前导符的段落样式。单击"更多选项"按钮，在"条目与页码间"选项中设置（^t），如图 10-37 所示。单击"确定"按钮，创建具有制表符前导符的目录条目，如图 10-38 所示。

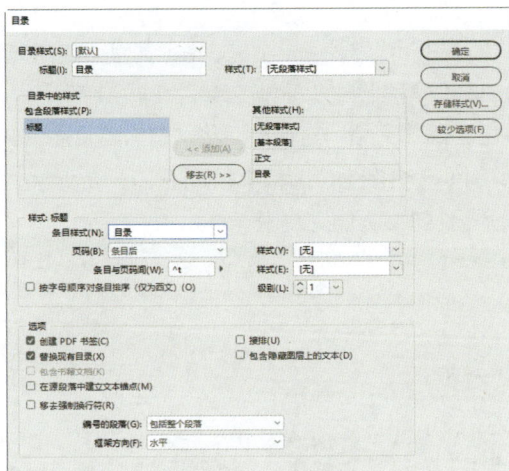

图 10-37

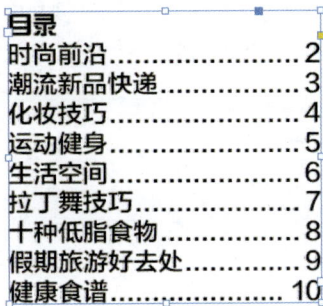

图 10-38

10.1.5 【实战演练】制作美妆杂志目录

10.1.5实战演练　　制作美妆杂志目录1　　制作美妆杂志目录2

10.2　制作美食图书

10.2.1 【案例分析】

本案例是制作美食图书，即把之前制作的美食图书封面、目录、内页进行整合，"制作美食图书"面板如图 10-39 所示（参看素材中的"Ch10 > 效果 > 制作美食图书 .indb"）。

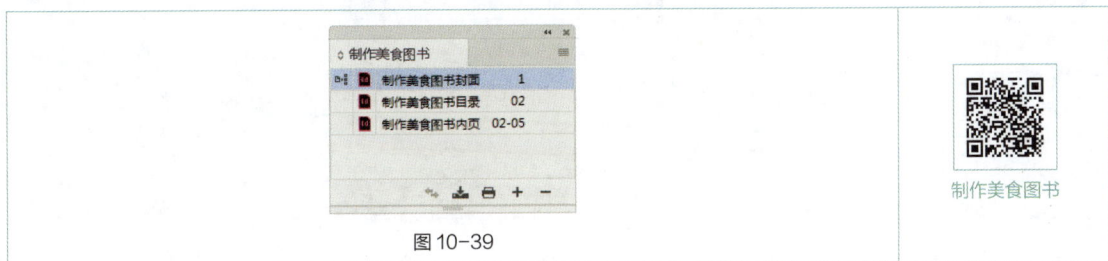

制作美食图书

图 10-39

10.2.2 【设计理念】

将"制作美食图书封面""制作美食图书目录""制作美食图书内页"3个文页按顺序存储为一个文档，文档命名为"制作美食图书"。

10.2.3 【操作步骤】

（1）选择"文件 > 新建 > 书籍"命令，弹出"新建书籍"对话框。将文件命名为"制作美食图书"，如图 10-40 所示。单击"保存"按钮，弹出"制作美食图书"面板，如图 10-41 所示。

（2）单击面板下方的"添加文档"按钮 ，弹出"添加文档"对话框。将"制作美食图书封面""制作美食图书目录""制作美食图书内页"添加到"制作美食图书"面板中，如图 10-42 所示。单击"制作美食图书"面板下方的"存储书籍"按钮 ，美食图书制作完成。

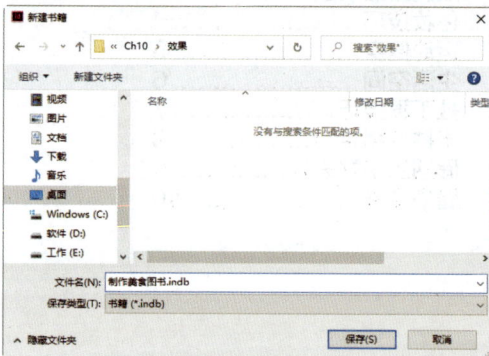

图 10-40

图 10-41

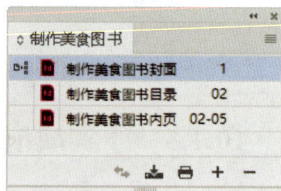

图 10-42

10.2.4 【相关知识】

1．在书籍中添加文档

选择"文件 > 新建 > 书籍"命令，弹出"新建书籍"对话框。将文件命名为"书籍"，如图 10-43 所示。单击"书籍"面板下方的"添加文档"按钮 ，弹出"添加文档"对话框，选取需要的文件，如图 10-44 所示。单击"打开"按钮，在"书籍"面板中添加文档，如图 10-45 所示。

单击"书籍"面板右上方的 图标，在弹出的菜单中选择"添加文档"命令，弹出"添加文档"对话框。选择需要的文档，单击"打开"按钮，也可添加文档。

图 10-43

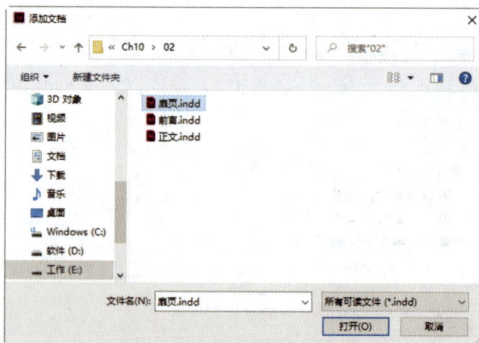

图 10-44

图 10-45

2. 管理书籍文件

每个打开的书籍文件均显示在"书籍"面板中各自的选项卡中。如果同时打开了多本书籍，单击某个选项卡可将对应的书籍调至前面，从而访问其面板菜单。

在文档条目后面的图标表示当前文档的状态。

● 没有图标出现表示关闭的文件。

● ●图标表示文档已打开。

● ⚠图标表示文档被移动、重命名或删除。

● ⚠图标表示在书籍文件关闭后，文档被编辑过或页码被重新编排过。

◎ 存储书籍

● 单击"书籍"面板右上方的 ☰ 图标，在弹出的菜单中选择"将书籍存储为"命令，弹出"将书籍存储为"对话框。指定一个位置和文件名，单击"保存"按钮，可使用新名称存储书籍。

● 单击"书籍"面板右上方的 ☰ 图标，在弹出的菜单中选择"存储书籍"命令，将书籍保存。

● 单击"书籍"面板下方的"存储书籍"按钮🖫，保存书籍。

◎ 关闭书籍文件

● ☰单击"书籍"面板右上方的 ☰ 图标，在弹出的菜单中选择"关闭书籍"命令，关闭单个书籍。

● 单击"书籍"面板右上方的 ✖ 按钮，可关闭一起停放在同一面板中的所有打开的书籍。

◎ 删除书籍文档

● 在"书籍"面板中选取要删除的文档，单击面板下方的"移去文档"按钮 ➖，从书籍中删除选取的文档。

● 在"书籍"面板中选取要删除的文档，单击"书籍"面板右上方的 ☰ 图标，在弹出的菜单中选择"移去文档"命令，从书籍中删除选取的文档。

◎ 替换书籍文档

单击"书籍"面板右上方的 ☰ 图标，在弹出的菜单中选择"替换文档"命令，弹出"替换文档"对话框。指定一个文档，单击"打开"按钮，可替换选取的文档。

10.2.5 【实战演练】制作美妆杂志

10.2.5实战演练　　　　制作美妆杂志

10.3 综合演练——制作美食杂志目录

10.3综合演练　　制作美食　　制作美食　　制作美食
　　　　　　　　杂志目录1　　杂志目录2　　杂志目录3

11 第 11 章
综合设计实训

本章的综合设计实训案例，都选自真实的商业设计项目。通过对多个商业设计项目案例进行演练，读者可以牢固掌握 InDesign CC 2019 的使用方法和操作技巧，并能应用所学技能制作出专业的商业设计作品。

知识目标

- 掌握宣传单的设计思路和制作方法
- 掌握杂志的设计思路和制作方法
- 掌握包装的设计思路和制作方法
- 掌握封面的设计思路和制作方法
- 掌握画册的设计思路和制作方法

能力目标

- 掌握招聘宣传单的制作方法
- 掌握食客厨房杂志的制作方法
- 掌握牛奶包装的制作方法
- 掌握房地产画册封面的制作方法
- 掌握房地产画册内页的制作方法

素质目标

- 培养商业项目的综合管理和实施能力
- 培养运用科学方法解决实际问题的能力
- 培养职业规划能力和就业、创业能力

11.1 宣传单设计——制作招聘宣传单

11.1宣传单
设计

11.1步骤提示

制作招聘
宣传单1

制作招聘
宣传单2

11.2 杂志设计——制作《食客厨房》杂志封面

11.2杂志设计

11.2步骤提示

制作《食客
厨房》杂志
封面

11.3 包装设计——制作牛奶包装

11.3包装设计

11.3步骤提示

制作牛奶
包装1

制作牛奶
包装2

11.4 拓展项目

封面设计——
制作房地产
画册封面1

封面设计——
制作房地产
画册封面2

封面设计——
制作房地产
画册封面3

画册设计——
制作房地产
画册内页1

画册设计——
制作房地产
画册内页2

画册设计——
制作房地产
画册内页3

画册设计——
制作房地产
画册内页4

扩展知识扫码阅读

设计基础知识

1. 认识基本形体

2. 透视原理

3. 平面构成

4. 形式美法则

5. 点、线、面三大要素

6. 基本形与骨骼

7. 色彩

8. 图形创意方法

9. 版式设计

设计应用知识

1. 图标设计

图标的概念　图标的设计流程　图标的设计原则

图标的设计规范　图标的风格类型

2.App 界面设计

App 的概念　App 设计的流程　App 设计的原则

iOS 系统设计规范　Android 设计规范　App 常用界面类型

3. 招贴广告设计

4. 电商网店设计

Photoshop 在电商中的应用　淘宝店铺各模块图片尺寸及具体要求　网店首页各元素的设计　商品详情页面各元素设计

5. 书籍设计

6. 包装设计

7. 网页设计